零基础看图学技能丛书

# 看图学万用表
# 使用技能

主编　张　彤　武鹏程
副主编　徐宝辉　林传洪

机械工业出版社

本书着重介绍了指针式万用表、数字式万用表的基本使用和扩展使用方法，以及在检测典型家用电器元件、电气线路时的使用方法，并介绍了万用表的检修知识。本书没有过多、过深的理论知识，着重用图示的方式展示操作方法，即使是入门者也能够轻松看懂，按照书中介绍的步骤轻松完成检测。

本书适合广大家电维修人员和电子爱好者阅读，也可作为技能培训班的培训教材，还可作为职业类学校的教学参考用书。

**图书在版编目（CIP）数据**

看图学万用表使用技能/张彤，武鹏程主编. —北京：机械工业出版社，2017.12

（零基础看图学技能丛书）

ISBN 978-7-111-58918-1

Ⅰ.①看… Ⅱ.①张… ②武… Ⅲ.①复用电表—使用方法—图解 Ⅳ.①TM938.107-64

中国版本图书馆CIP数据核字（2018）第003683号

机械工业出版社（北京市百万庄大街22号 邮政编码100037）

策划编辑：陈玉芝 责任编辑：陈玉芝 陈文龙

责任校对：王 欣 封面设计：陈 沛

责任印制：孙 炜

北京中兴印刷有限公司印刷

2018年4月第1版第1次印刷

169mm×239mm · 12.25印张 · 260千字

0001—3000册

标准书号：ISBN 978-7-111-58918-1

定价：39.80元

凡购本书，如有缺页、倒页、脱页，由本社发行部调换

电话服务

服务咨询热线：010-88361066

读者购书热线：010-68326294

010-88379203

网络服务

机 工 官 网：www.cmpbook.com

机 工 官 博：weibo.com/cmp1952

金 书 网：www.golden-book.com

教育服务网：www.cmpedu.com

# 前言

　　万用表又叫多用表、三用表、复用表，是一种多功能、多量程的测量仪表。常用的万用表可以测量直流电流、直流电压、交流电压、电阻和音频电平等，高档万用表可以测量交流电流、电容量、电感量及半导体的一些参数。

　　从万用表强大的功能就可以看出，万用表的使用极其广泛。本书由浅入深地介绍了典型指针式万用表和数字式万用表的功能与使用方法、技巧，并分别介绍了使用指针式万用表和数字式万用表检测常用元器件，使用万用表检测电气线路中的故障，以及使用万用表检测家用电器的方法与技巧，同时还介绍了万用表常见的故障及检修方法。

　　本书内容深入浅出、图文并茂、语言通俗易懂，具有较强的实用性和可操作性，适合广大家电维修人员和电子爱好者阅读，也可作为技能培训班的培训教材，还可以作为职业类学校的教学参考用书。

　　本书由张彤、武鹏程任主编，徐宝辉、林传洪任副主编，参与编写的人员还有崔国伟、胡兴平、张磊、郑德立、张东升、李伟平、郑玉贵、胡虎、王伟奇、于建成、武寅。本书由赵雪清任主审。

　　由于时间与编者能力有限，书中难免存在错误及疏漏之处，敬请读者批评指正。

编　　者

# 目录

# 第 1 章

# 指针式万用表

# 1.1 万用表的结构及基本测量原理

## 1.1.1 指针式万用表的结构

指针式万用表是最常用的一种工具类电测仪表，它携带、使用方便，可以完成多量程、多种电量的测量，在电子产品检测维修及电气工程领域被广泛使用。

指针式万用表的外观如下图所示：

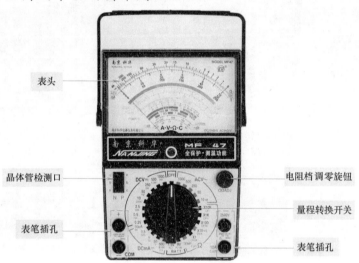

常见的指针式万用表面板上都设有表头、量程转换开关和表笔插孔等。

### 表头

指针式万用表的表头是灵敏电流计，表头的刻度上印有各种符号、刻度线及数值，如下图所示：

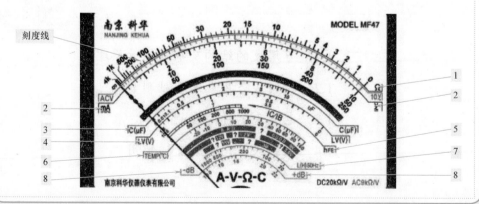

| 1 | 第1条刻度线用"Ω"标示，测量电阻的阻值时应查看这条刻度线 | 2 | 第2条刻度线用"V"和"mA"标示，测量交、直流电压/电流时应查看这条刻度线 |
|---|---|---|---|
| 3 | 第3条刻度线用"C（μF）"标示，测量电容器的容量时应查看这条刻度线 | 4 | 第4条刻度线用"LV（V）"标示，测量时的负载电压可查看这条刻度线 |
| 5 | 第5条刻度线用"hFE"标示，测量晶体管放大倍数时应查看这条刻度线 | 6 | 第6条刻度线用"TEMP（℃）"标示，测量温度时应查看这条刻度线 |
| 7 | 第7条刻度线用"L（H）50Hz"标示，测量电感的电感量时应查看这条刻度线 | 8 | 第8条刻度线用"-dB"和"+dB"标示，测量音频信号电平时应查看这条刻度线 |

### 量程转换开关

　　指针式万用表的量程转换开关是一个多档位的旋转开关，用来选择测量项目及其量程，如右图所示：

表明当前选项 ⟶

### 表笔及其插孔

　　指针式万用表的表笔分为红色和黑色两根，使用时红表笔插入标有"+"或"2500V"（或"10A"）的插孔，黑表笔插入标有"-"的插孔，如下图所示：

正常测量时，红、黑表笔插孔

大电压测量时红表笔插孔

小电流测量时红表笔插孔

 **基本测量原理**

　　不同型号的万用表的电路不尽相同，但它们的基本电路结构大同小异。万用表的基本电路结构框图如右图所示：

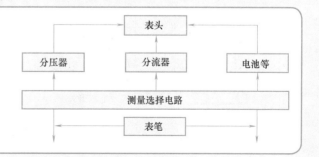

**表头**

指针式万用表通常都采用磁电式测量机构作万用表的表头，它的满刻度偏转电流一般为几微安到几百微安。

表头的满偏电流越小，其灵敏度也就越高。

相应万用表的电压灵敏度就越高。

→ 好的表头具有的特性 →

测量电压时表的内阻越大，对被测电路的影响就越小。

**测量电路**

测量电路中的元器件绝大部分是各种类型和各种数值的电阻元件，如线绕电阻、碳膜电阻、电位器等，此外在测量交流电压的电路中还有整流器件。

| 万用表是多量程直流电流表 | 万用表是多量程直流电压表 | 万用表是多量程电阻表 |
|---|---|---|

↓ ↓

**万用表测量电路**

**量程转换开关**

万用表中各种测量种类及量程的选择是靠量程转换开关的切换来实现的。量程转换开关里面有固定触点和活动触点，当固定触点和活动触点闭合时接通电路。

活动触点称为"刀" ⇒ 旋转"刀"的位置可以使得某些活动触点与固定触点闭合，从而相应地接通所需要的测量电路。

万用表中所用的量程转换开关往往都是特别的，通常有多刀和几十个掷。

## 1.1.2  直流电流的测量原理

万用表的直流电流测量电路，实质上是一个多量程的直流电流表测量电路。

通常采用闭路式多量程分流器电路，如下图所示：

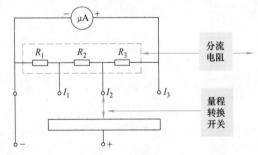

在测量电路中，各分流电阻彼此串联，再与表头并联，形成一个闭合环路，经量程转换开关切换，改变与表头并联的分流电阻阻值，以实现测量不同量程的电流。

↓

$$I_1 > I_2 > I_3$$

并联分流电阻的个数越多，并联支路电阻值就越大，其直流电流量程就越小。

## 1.1.3　电压的测量原理

**直流电压的测量原理**

　　万用表的直流电压测量电路，实质上是一个多量程的直流电压表测量电路。采用附加电阻与表头串联，可以扩大电压测量的范围。

单用式附加电阻电路

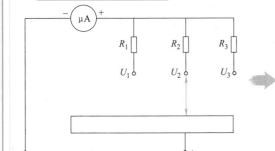

在单用式附加电阻电路中，每个电压量程采用单独的附加电阻，各档之间互不影响，若某档附加电阻损坏，其他各档仍可正常工作。

共用式附加电阻电路

　　万用表常用的电路是高低电压档的附加电阻共用，即共用式附加电阻电路，如下图所示：

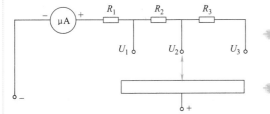

这种电路的优点是可以节省绕制电阻的材料。

这种电路的缺点是当低电压档的附加电阻损坏时，高电压档也不能工作。

**交流电压的测量原理**

　　万用表的表头是一个磁电系动圈式测量机构，只能接收直流信号，而不能直接接收交流信号。测量过程如下：

| 1 | 用磁电系的表头测量交流电量 | 2 | 把交流信号整流成直流信号，再送给磁电系表头 | 3 | 把被测的交流电转换成相应的直流电，才能进行交流电的测量 |
|---|---|---|---|---|---|

　　万用表的交流电压测量电路用的是半波整流或全波整流及共用附加电阻电路，如下页图所示：

| 半波整流电路 | 全波整流电路 |
|---|---|

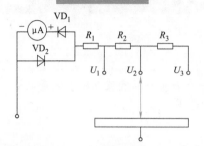
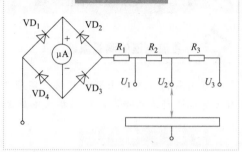

磁电系测量机构加上整流电路构成的整流式仪表 ➡ 指针偏转角度正比于整流电流的平均值 ➡ 正弦交流电的有效值与相应整流输出的平均值之间，存在着确定的比例关系 ➡ 所以只要在万用表刻度线上，按正弦波的有效值来指示，就可以直接读出正弦交流电的有效值

利用万用表测量非正弦交流电的有效值，将会由于波形的差异而带来测量误差。

在万用表中，为了读数方便，要求交流电的有效值与直流电公用一个刻度线。为满足这一要求，又要提高表头在测量交流电时的灵敏度，常采用以下两种方法：

一是交流电测量档与直流电测量档各用一套电阻。 ⬅ 测量交流电时提高灵敏度的方法 ➡ 二是交流电测量档与直流电测量档共用一套电阻，但必须设法改变表头电流的分流关系。

以上两种方法都可以使万用表在测量交流电时增大相应表头电流，以达到交流与直流公用同一刻度线的目的。由于受二极管非线性伏安特性和温度特性的影响，万用表的交流档灵敏度要比直流档的灵敏度低。

## 1.1.4　电阻的测量原理

万用表的电阻测量电路，实质上是一个多量程的电阻表测量电路。

电阻表的基本测量原理如右图所示：

根据欧姆定律可得流过表头的电流为：

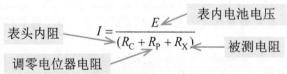

$$I = \frac{E}{(R_C + R_P + R_X)}$$

表头内阻 — 表内电池电压 — 被测电阻

调零电位器电阻

表内电池电压 $E$ 一定。

表头内阻 $R_C$ 和调零电位器电阻 $R_P$ 一定。

表头电流 $I$ 与被测电阻 $R_X$ 之间存在一定的对应关系，即不同的被测电阻 $R_X$ 就会有不同的表头电流 $I$。

　　如果表头的刻度线直接按电阻值刻度，就可以直接读出电阻值的大小，所以测电阻值实际上仍是测电流值。

### 当 $R_X = 0\Omega$ 时

　　当 $R_X = 0\Omega$ 时，表头电流 $I$ 最大，调节调零电位器电阻为 $R_P$

　　流过表头的电流 $I$ 等于满偏电流：$I_C = \dfrac{E}{R_C + R_P}$

　　当调节调零电位器之后，电阻由原来的 $R_P$ 调整到 $R'_P$，所以表头电流 $I$ 就等于满偏电流：

$$I_C = \frac{E}{R_C + R'_P}$$

　　则指针达到电流满刻度位置时，正对应着电阻为"0"刻度的位置。

### 当 $R_X = \infty$ 时

　　当 $R_X = \infty$ 时，表头电流 $I = 0A$，因此表头的机械零点位置正好是电阻为"∞"刻度的位置。所以电阻档的刻度线是反向刻度的。

### 当 $R_X$ 为 0～∞ 之间的任意值时

　　当 $R_X$ 为 0～∞ 之间的任意值时，表头指针将指示在电流满刻度（电阻"0"刻度处）与机械零位（电阻"∞"刻度处）之间的相应位置上。由于流过表头的电流 $I$ 与被测电阻 $R_X$ 之间不成比例，所以，电阻刻度线的分度是不均匀的，如下图所示：

　　当 $R_X = R_C + R'_P$ 时（$R_C + R'_P$ 为电阻表的总内阻），$I_C = \dfrac{E}{2R_C + 2R'_P} = \dfrac{I_C}{2}$。

| | | |
|---|---|---|
| 虽然电阻表刻度线的刻度范围是 0～∞，但是由于电阻表的刻度线分布不均匀，使得实用的测量范围只在 0.1～10 倍欧姆中心值之间。 | ◀ 电阻表的欧姆中心值确定了电阻表的有效测量范围 ▶ | 如果被测电阻超出该范围太大，则无法得到准确的测量结果。 |

　　为使万用表能在较大范围内准确测量电阻值，万用表电阻测量电路都采用多量程的电阻表电路，为了公用一条电阻刻度线，可将欧姆中心值按 10 的倍率扩大，以扩大电阻测量的量程。

　　例如"R×1"档的欧姆中心值为 $50\Omega$，那么其他档的欧姆中心值就取 $500\Omega$、$5k\Omega$ 等，从而构成"R×1""R×10""R×100"等倍率档的电阻表。

# 1.2
## 指针式万用表的基础测量

第1章

### 1.2.1 电压的测量

在使用指针式万用表测量电压时，需要注意区别直流电压和交流电压。

**直流电压的测量**

测量直流电压时，万用表构成直流电压表，直接并接于被测电阻两端。

如右图所示，若需测量电阻 $R_2$ 上的电压，将电压表并接于 $R_2$ 上即可。

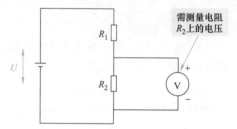

需测量电阻 $R_2$ 上的电压

测量1000 V 及其以下直流电压时，转动万用表上的量程转换开关至所需的直流电压档，如下图所示：

直流电压档

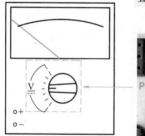

测量1000～2500V 的直流电压时，将量程转换开关置于直流"1000V"档，并将红表笔改插入2500V 专用插孔，如下图所示：

红表笔插在2500V插孔

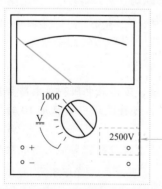

测量晶体管发射极电压（$R_e$ 上的压降）的示意图如下图所示：

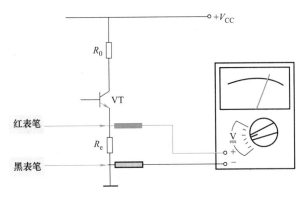

将红表笔接 VT 发射极、黑表笔接地（即万用表并接于电阻 $R_e$ 上），指针即指示出被测晶体管发射极的电压值。

 **交流电压的测量**

测量交流电压与测量直流电压相似，不同之处是两表笔可以不分正、负。

测量 1000V 及其以下交流电压时，转动万用表上的量程转换开关至所需的交流电压档，如下图所示：

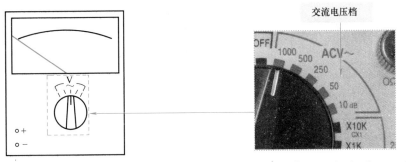

测量 1000～2500V 的交流电压时，将量程转换开关置于交流"1000V"档，并将红表笔改插入 2500V 专用插孔，如下图所示：

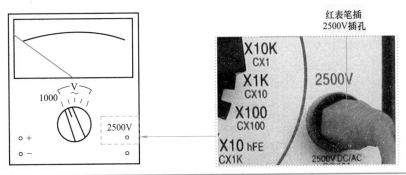

万用表两表笔不分正、负，分别接电源变压器二次侧的两个引出端，指针即指示出被测交流电压值。测量电源变压器二次电压示意图如下图所示：

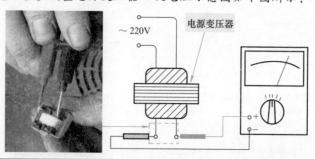

 ### 1.2.2　电流的测量

测量直流电流时，万用表构成的电流表应串入被测电路，可以串入电源正极与被测电路之间，也可以串入被测电路与电源负极之间，如下图所示：

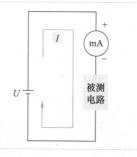

测量 0 ～ 500mA 直流电流时，转动万用表上的量程转换开关至所需的直流电流档，如下图所示：

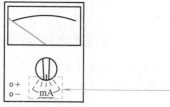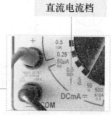

测量 500mA ～ 10A 的直流电流时，将量程转换开关置于直流"500mA"档，并将红表笔改插入 10A 专用插孔，如下图所示：

测量晶体管集电极电流的示意图如下图所示:

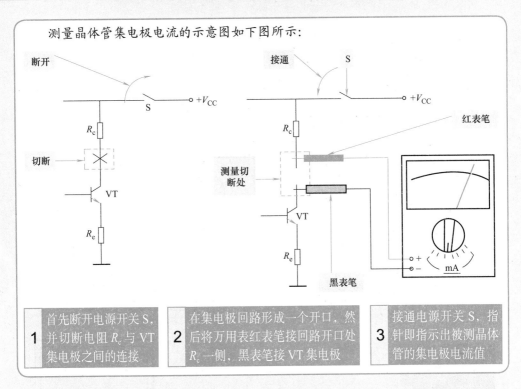

| | | | |
|---|---|---|---|
| **1** | 首先断开电源开关 S，并切断电阻 $R_c$ 与 VT 集电极之间的连接 | **2** | 在集电极回路形成一个开口，然后将万用表红表笔接回路开口处 $R_c$ 一侧，黑表笔接 VT 集电极 | **3** | 接通电源开关 S，指针即指示出被测晶体管的集电极电流值 |

## 1.2.3　电阻的测量

| | | | |
|---|---|---|---|
| **1** | 根据被测电阻的估计值，转动万用表上的量程转换开关至适当的电阻档 | **2** | 将万用表两表笔短接，调节电阻档调零旋钮 | **3** | 使指针准确指向"0"（位于刻度线最右边） |

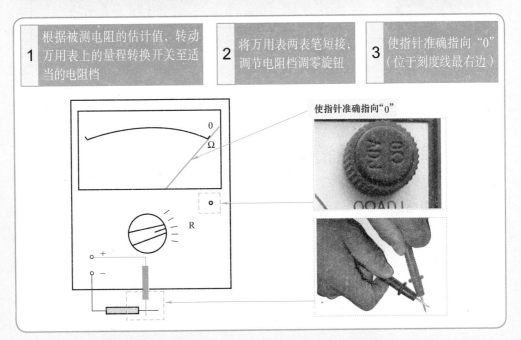

使指针准确指向"0"

### 非在路测量

测量非在路的电阻时,将万用表两表笔(不分正、负)分别接被测电阻的两端,指针即指示出被测电阻的阻值,如下图所示:

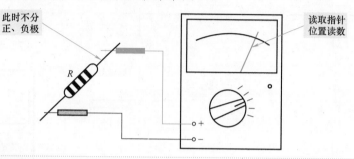

### 在路测量

测量电路板上的在路电阻时,将被测电阻的一端从电路板上焊开,然后再进行测量,否则由于电路和其他元器件的影响,测得的电阻值误差将很大,如下图所示:

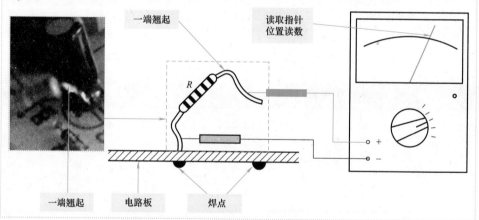

## 1.2.4　电容、电感的测量

 **测量电容**

测量电容时,采用10V、50Hz的交流电压作为信号源,因此万用表应置于交流电压"10V"档。

>> 特殊提示:
需要注意的是10V、50Hz交流电压必须准确,否则会影响测量的准确性。

将被测电容 $C$ 与万用表任一表笔串联后,再串接于10V交流电压回路中,指针便指示出被测电容 $C$ 的容量,如下图所示:

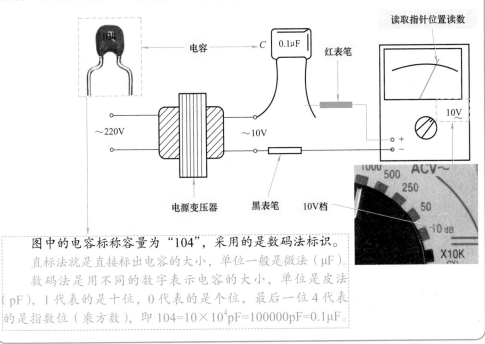

图中的电容标称容量为"104",采用的是数码法标识。

直标法就是直接标出电容的大小,单位一般是微法(μF)。

数码法是用不同的数字表示电容的大小,单位是皮法(pF),1代表的是十位,0代表的是个位,最后一位4代表的是指数位(乘方数),即 $104=10 \times 10^4 pF=100000pF=0.1μF$。

## 测量电感

测量电感也采用10V、50Hz的交流电压作为信号源,方法与测量电容相同。(对于小电感的测量,需要借助专业的信号发生器,而且还需要改装,不如直接使用专业电感测量仪表更好)

| 1 | 将被测电感 $L$ 与万用表任一表笔串联 | 2 | 将其串接于10V交流电压回路中 | 3 | 指针便指示出被测电感 $L$ 的电感量 |

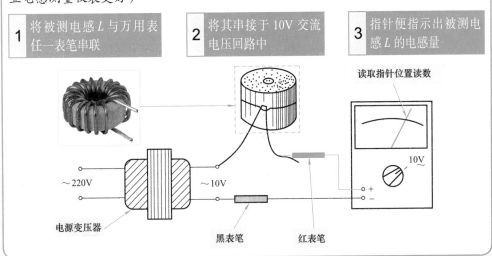

第 1 章

# 1.3
## 电子元器件的检测

### 1.3.1　二极管的检测

　　二极管是现如今驱动、控制电路板中常用的电子元器件。接下来介绍用万用表检测、判断二极管的引脚及正常与否。

**检测判断二极管的引脚**

　　检测时，将万用表置于"R×1k"档，两表笔分别接到二极管的两端，如果测得的电阻值较小，则为二极管的正向电阻，这时与黑表笔（即表内电池正极）相连接的是二极管正极，与红表笔（即表内电池负极）相连接的是二极管负极，如下图所示：

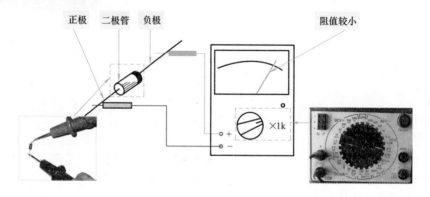

　　如果测得的电阻值很大，则为二极管的反向电阻，这时与黑表笔相接的是二极管负极，与红表笔相接的是二极管正极，如下图所示：

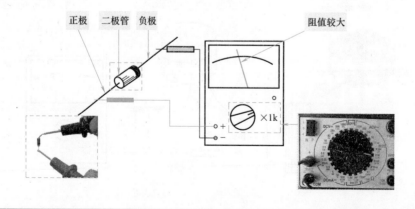

### 检测二极管的好坏

检测时，万用表置于"R×1k"档，分别测量二极管的正向电阻和反向电阻。正常二极管正、反向电阻的阻值应该相差很大，且反向电阻接近于无穷大。

如果某二极管正、反向电阻值均为无穷大，说明该二极管内部断路，如下图所示：

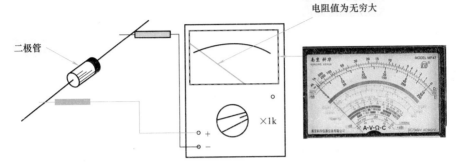

电阻值为无穷大
二极管
×1k

如果正、反向电阻值均为零，说明该二极管已被击穿短路，如下图所示：

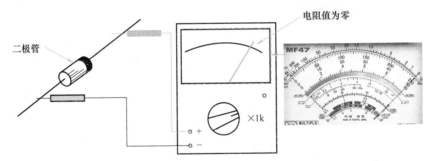

电阻值为零
二极管
×1k

如果正、反向电阻值相差不大，说明该二极管质量太差，也不宜使用，如下图所示：

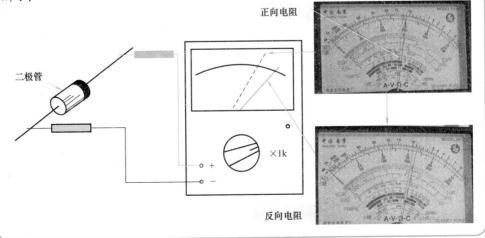

正向电阻
二极管
×1k
反向电阻

### 检测判断是锗二极管还是硅二极管

　　由于锗二极管和硅二极管的正向管压降不同，因此可以用测量二极管正向电阻的方法来区分。

#### 锗二极管

　　如果正向电阻小于1kΩ，则为锗二极管，如下图所示：

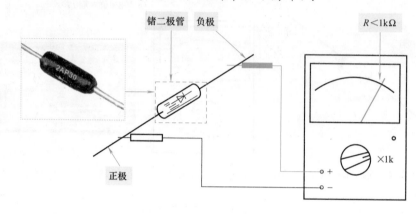

#### 硅二极管

　　如果正向电阻为 1 ～ 5kΩ，则为硅二极管，如下图所示：

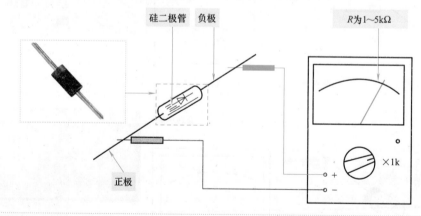

### 检测整流桥堆

　　整流桥堆多用于需要供应大电流的电路。由于它是由多个二极管按一定规则组合而成的，因此可用检测二极管的方法逐个检测其中的每一个二极管，即可判断该整流桥堆的好坏。

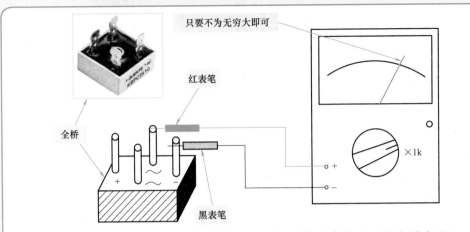

将万用表置于"R×1k"档，用两表笔分别测量全桥每相邻的两个引脚的正、反向电阻，均应符合正常二极管的检测要求，否则该全桥已损坏。

 **检测高压硅堆**

高压硅堆由多只高压整流二极管（硅粒）串联组成，依旧可以使用万用表检测它的好坏。

| 1 | 检测时，万用表置于"R×10k"档 | 2 | 黑表笔（即表内电池正极）接高压硅堆的正极 | 3 | 红表笔（即表内电池负极）接高压硅堆的负极，测量正向电阻，应为几百千欧 |
|---|---|---|---|---|---|

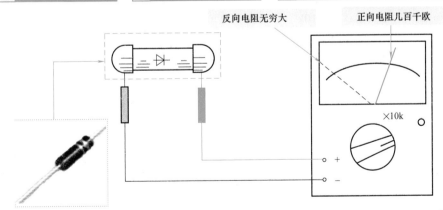

再对调红、黑表笔测量其反向电阻，应为无穷大（指针不动），否则该高压硅堆不能使用。

测量稳压二极管的稳压值：对于稳压值在15V以下的稳压二极管，可以用MF47型万用表直接测量其稳压值。

| 1 | 检测时，万用表置于"R×10k"档 | 2 | 红表笔（表内电池负极）接稳压二极管正极 | 3 | 黑表笔（表内电池正极）接稳压二极管负极 |

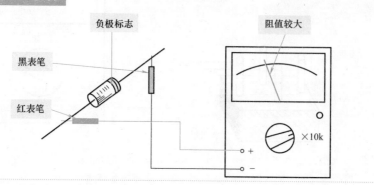

正常稳压二极管

负极标志

黑表笔

红表笔

阻值较大

×10k

因为 MF47 型万用表"R×10k"档所用高压电池为 15V，所以读数时刻度线最左端为 15V，最右端为 0V。例如测量时指针指在左 1/3 处，则其读数为 10V，如右图所示：

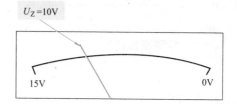

$U_Z = 10V$

15V　　　　　　　0V

可利用万用表原有的 50V 档刻度来读数，并代入右侧公式求出

$$稳压值 = \frac{50 - X}{50} \times 15V$$

50V 档刻度线上的读数

如果所用万用表"R×10k"档的高压电池不是 15V，则将上式中的"15V"改为测量所用万用表内高压电池的电压值即可。

超过15V的稳压二极管

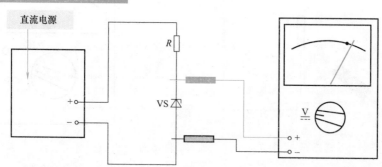

直流电源

R

VS

V

用一个输出电压大于稳压值的直流电源，通过限流电阻 R 给稳压二极管加上反向电压，用万用表直流电压档即可直接测量出稳压二极管的稳压值。测量时，适当选取限流电阻 R 的阻值，使稳压二极管反向工作电流为 5～10mA 即可。

## 检测发光二极管

### 检测单向导电性

**1** 检测时，万用表置于"R×10k"档　　**2** 测量其正、反向电阻 ⟶ 一般正向电阻应小于30kΩ，反向电阻应大于1MΩ。

内部击穿短路 ⟶ 正、反向电阻均为零，说明内部击穿短路。

内部开路 ⟶ 正、反向电阻均为无穷大，证明内部开路。

此外，根据外形也可以区分发光二极管的正、负极。

如何区分二极管正负极？

目前生产的LED，全部用透明或半透明的环氧树脂封装而成，并且利用环氧树脂构成透镜，起放大和聚焦作用，这类管子引线较长的为正极。

### 检查单色发光二极管的发光情况

仅仅测量正、反向电阻，并不能检查LED能否正常发光。

由于发光二极管的正向电压 $U_F$ 一般为 1.5～2.5V，而万用表"R×1"或"R×10"档的电池电压为1.5V，所以不能使发光二极管正向导通而发光

"R×10k"档的电池电压虽然较高，但因该电阻档的内阻太大，所提供的正向电流太小，发光二极管也不会正常发光

### 采用双表法检查发光二极管的发光情况

最好选同一种型号的两块万用表，均置于"R×1"或"R×10"档，以便提供较高的正向电压。串联方法如下图所示：

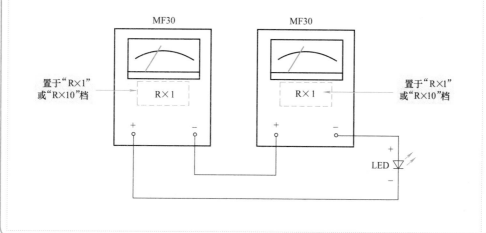

等效电路如下图所示：

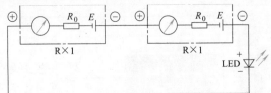

假定两块万用表均采用 MF30 型，并且均置于 "$R×1$" 档。因为一块表的电池电压 $E=1.5V$，欧姆中心值 $R_0=25\Omega$，所以总电压和总电阻分别为

$$E'=2E=2×1.5V=3V$$
$$R'_0=2R_0=2×25\Omega=50\Omega$$

如果把它们看成一块新表，新表的满度电流为

$$I'_M=\frac{E'}{R'_0}=\frac{2E}{2R_0}=\frac{E}{R_0}=I_M$$

由此可见，采用双表法测量时满度电流值不变。

添加新表的电路可参看下页图：

发光二极管在使用时应串联限流电阻 $R$，将正向电流 $I_F$ 限制在 $10\sim30mA$ 为宜。

限流电阻

下图中的 $R'_0$ 能起到限流作用，因此不必另接限流电阻。

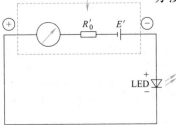

一般典型正向电流可选 10mA，$I_F$ 的计算公式为 $I_F=\frac{E-U_F}{R}$

磷砷化镓发光二极管的正向压降较低，为 1.7V 左右。将 $E'=3V$，$R'_0=50\Omega$ 一并代入上式中，可求出用双表法测量时的正向电流为

$$I_F=\frac{E'-U_F}{R'_0}=\frac{3-1.7}{50}mA=26mA<30mA$$

因此对发光二极管没有危险。电路接通之后，发光二极管可发出晶莹夺目的红光。

如果所选用两块万用表 "$R×1$" 档的欧姆中心值不等，假设分别为 $R_{01}$、$R_{02}$，而这两块表 "$R×1$" 档的电池电压均为 $E$（$E=1.5V$），则此时：

$$I'_M=\frac{2E}{R_{01}+R_{02}}$$

$I_F$ 的计算公式变成

$$I_F=\frac{2E-U_F}{R_{01}+R_{02}}$$

### 采用外接电池法检查发光二极管的发光情况

在"R×10"档外部串联一节 $E'=1.5V$ 的电池，将测试电压提升到 $E+E'=3V$，此时正向电流增加到

$$I_F = \frac{E + E' - U_F}{R_0}$$

以500型万用表"R×10"档为例，该档欧姆中心值 $R_0=100\Omega$，$E+E'=3V$。设被测发光二极管的 $U_F=2V$，根据上式可计算出 $I_F=10mA$。

用外接电池法检查发光二极管如下图所示：

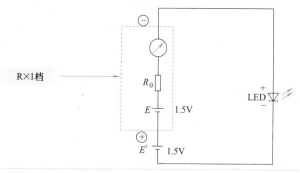

### 检测变色发光二极管的方法

检查变色发光二极管时，将万用表置于"R×10"档，外接一节1.5V电池。分三步进行检查：

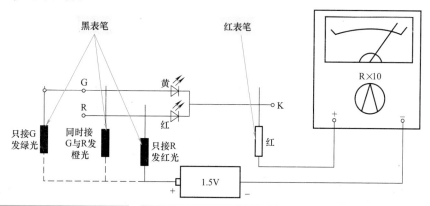

| 1 | 将黑表笔接R端，红表笔接K端，发光二极管应发出红光 |
|---|---|
| 2 | 将黑表笔接G端，红表笔接K端，发光二极管应发出绿光 |
| 3 | 把黑表笔同时接R、G端，红表笔仍接K端，发光二极管应发出橙光 |

如果其中一只发光二极管不发光，说明发光二极管局部损坏，但仍可作普通单色发光二极管使用。

---

## 区分高亮度、低亮度发光二极管的方法

　　高亮度发光二极管具有发光效率高（亮度为普通发光二极管的几倍甚至几十倍）、低功耗（正向电流仅为 0.3 ～ 2mA，正向压降为 1.8 ～ 2.3V）的特点。

　　由于高亮度发光二极管的外形与普通发光二极管相同，管壳上又无任何标记，而二者价格会相差数倍，因此从外表上很难识别，但是利用万用表或绝缘电阻表很容易加以识别，具体方法如下：

| 方法一 | 方法二 | 方法三 |
|---|---|---|
| 利用万用表的"R×10k"档识别。该档电压较高，但最大测试电流仅为几十微安，却能使高亮度发光二极管发光，而普通发光二极管则不能发光，或发光很暗。 | 将发光二极管接绝缘电阻表的输出端，绝缘电阻表最大输出电流为 1 ～ 2mA，能使高亮度发光二极管正常发光，而普通发光二极管发光就很暗。 | 参照外接电池法所示电路，在电路中串入一块毫安表和可调电阻 $R$，调整 $R$ 使 $I_F \leqslant 2mA$。管子若能正常发光，即为高亮度发光二极管。 |

### 1.3.2　晶体管的检测

　　晶体三极管通常简称为晶体管，俗称三极管，是最重要和最主要的半导体器件之一。

　　晶体管分为 NPN 型管和 PNP 型管两大类，分为金属外壳封装、玻璃封装、塑料封装、带散热片塑料封装、陶瓷封装、树脂封装、片式晶体管等，如下图所示：

晶体管的文字符号为 VT，图形符号如下图所示:

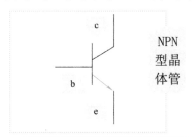

NPN
型晶
体管

PNP
型晶
体管

NPN 型
晶体管
集电极
接管壳

PNP 型
晶体管
集电极
接管壳

晶体管的特点是具有电流放大作用。

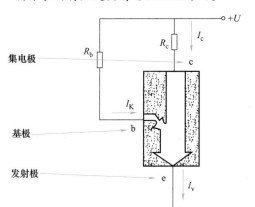

集电极

基极

发射极

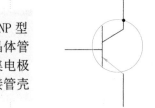

**1** 晶体管的集电极电流受基极电流的控制

**2** 在基极输入一个较小的电流

**3** 可以在其集电极得到一个放大了许多倍的电流，所以晶体管是电流控制型器件

晶体管的主要用途是放大、振荡、电子开关、可变电阻和阻抗变换等，广泛应用在各种电子电路中。晶体管可以用万用表进行引脚识别和检测。

 **判断晶体管的引脚**

检测时，将万用表置于"R×1k"档。

NPN 型管

| 1 | 2 | 3 | 4 |
|---|---|---|---|
| 对于 NPN 型管，先用黑表笔接某一引脚 | 红表笔分别接另外两引脚 | 测得两个电阻值 | 将黑表笔换接另一引脚，重复以上步骤，直至测得两个电阻值都很小 |

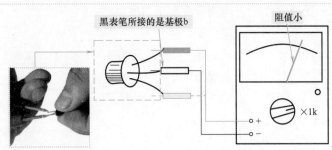

黑表笔所接的是基极b　阻值小

用万用表测量剩余两引脚之间的电阻值，先测一次，然后将红、黑表笔对调再测一次。在电阻值较小的那一次测量中，红表笔所接的是发射极e，黑表笔所接的是集电极c，如下图所示：

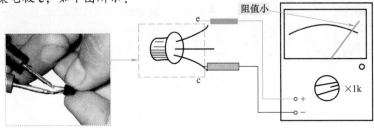

### PNP型管

对于PNP型管，先用红表笔接某一引脚，黑表笔分别接另外两引脚，测得两个电阻值。再将红表笔换接另一引脚，重复以上步骤，直至测得两个电阻值都很小，这时红表笔所接的是基极b，如下图所示：

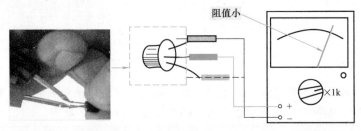

用万用表测量剩余两个引脚之间的电阻值，先测一次，然后将红、黑表笔对调再测一次。在电阻值较小的那一次测量中，红表笔所接的是集电极c，黑表笔所接的是发射极e，如下图所示：

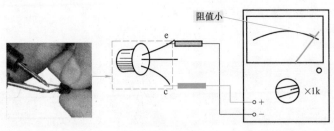

**检测晶体管的好坏**

　　将万用表置于"R×1k"档，测量晶体管基极与集电极之间、基极与发射极之间的正、反向电阻，其结果应与下表基本相符，否则说明该晶体管已损坏。具体见下表：

| 晶体管类型 | 正向电阻 | | 反向电阻（对调两表笔后测得） |
|---|---|---|---|
| | 万用表表笔接法 | 阻值 | |
| NPN 型 | 黑表笔→基极 红表笔→发射极 | 1～5kΩ | >200kΩ |
| | 黑表笔→基极 红表笔→集电极 | 1～5kΩ | >200kΩ |
| PNP 型 | 红表笔→基极 黑表笔→发射极 | 1～5kΩ | >200kΩ |
| | 红表笔→基极 黑表笔→集电极 | 1～5kΩ | >200kΩ |

**测量晶体管的放大倍数**

　　晶体管的放大倍数可用万用表进行测量。

**用万用表电阻档进行测量**

　　以 NPN 型管为例，将万用表置于"R×1k"档，红表笔（表内电池负极）接晶体管的发射极，左手拇指与中指将黑表笔（表内电池正极）与集电极捏在一起，同时用左手食指触摸基极，这时指针应向右摆动，如下图所示：

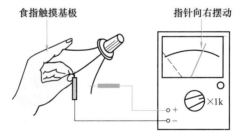

食指触摸基极　　　　　　　　　指针向右摆动

　　实物测量如下图所示：

指针向右摆　　　　　　　　　　　晶体管拿捏方法

### 用 MF47 型等具有 b 或 hFE 档的万用表测量

首先进行"$h_{FE}$"档校准。将万用表上的量程转换开关转动至"ADJ"（校准）档位，两表笔短接，调节电阻档调零旋钮使指针对准 hFE 刻度线的"300"刻度，如下图所示：

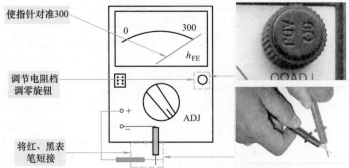

然后分开两表笔，将量程转换开关转动至"$h_{FE}$"档位，将晶体管的 3 个引脚分别插入测量插座的相应插孔，万用表指针即指示出该被测晶体管的电流放大倍数 $\beta$ 值。测量时需注意 NPN 型管和 PNP 型管应插入各自相应的插座，如下图所示：

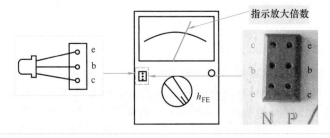

### 区分锗管与硅管

由于锗材料晶体管的 PN 结压降约为 0.3V，而硅材料晶体管的 PN 结压降约为 0.7V，所以可通过测量 be 结正向电阻的方法来区分锗晶体管和硅晶体管。方法是

**1** 将万用表置于"R×1k"档 　**2** 对于 NPN 型管，黑表笔接基极 b 　**3** 红表笔接发射极 e

如果测得的电阻值小于 1kΩ，则被测管是锗晶体管；如果测得的电阻值为 5 ～ 10kΩ，则被测管是硅晶体管，检测方法如下图所示：

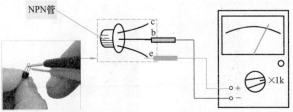

对于 PNP 型管，则对调两表笔后测量。

### 1.3.3　场效应晶体管的检测

场效应晶体管是晶体管的一个特殊种类。场效应晶体管俗称场效应管，具有输入阻抗高、噪声低、动态范围大、功耗小等特点，得到了越来越广泛的应用。

注意：因场效应晶体管很容易被高压静电损坏，在进行测量时，工作人员的双手应及时地放电。

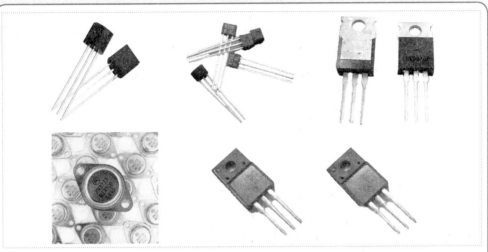

场效应晶体管的文字符号为 VT，图形符号如下图所示：

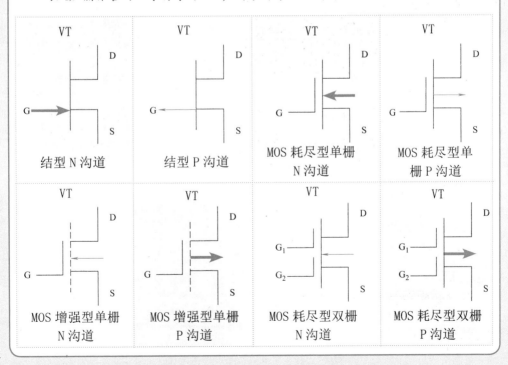

| 结型 N 沟道 | 结型 P 沟道 | MOS 耗尽型单栅 N 沟道 | MOS 耗尽型单栅 P 沟道 |
| --- | --- | --- | --- |
| MOS 增强型单栅 N 沟道 | MOS 增强型单栅 P 沟道 | MOS 耗尽型双栅 N 沟道 | MOS 耗尽型双栅 P 沟道 |

场效应晶体管在电路中的主要用途是放大、可变电阻、电子开关、阻抗变换和恒流等。场效应晶体管的种类有很多，如下图所示：

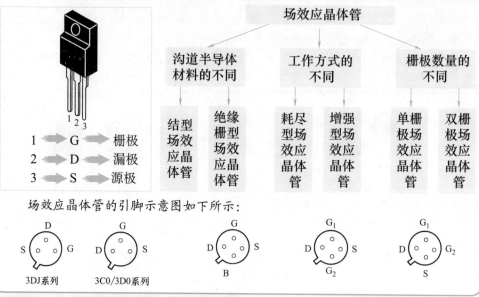

场效应晶体管的引脚示意图如下所示：

3DJ系列　　3C0/3D0系列

 **场效应晶体管的引脚识别和检测**

结型场效应晶体管的引脚识别方法如下图所示：

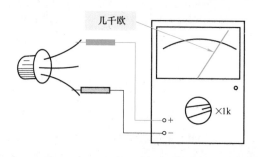

几千欧

1　万用表置于"R×1k"档，用两表笔分别测量每两个引脚间的正、反向电阻

2　当某两个引脚间的正、反向电阻相等，均为数千欧时

3　则这两个引脚为漏极 D 和源极 S（可互换），余下的一个引脚即为栅极 G

区分 N 沟道与 P 沟道场效应晶体管的方法如下图所示：

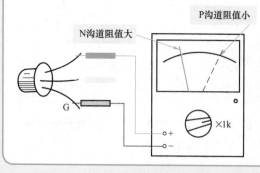

P沟道阻值小

N沟道阻值大

1　黑表笔接栅极 G，红表笔分别接另外两个引脚，如果测得的两个电阻值均很大，则为 N 沟道场效应晶体管

2　如果测得的两个电阻值均很小，则为 P 沟道场效应晶体管

3　如果测量结果不符合以上两种情况，则说明该场效应晶体管已损坏或性能不良

估测结型场效应晶体管的放大能力

1　万用表置于"R×100"档，两表笔分别接漏极 D 和源极 S

2　用手捏住栅极 G（注入人体感应电压），指针应向左或向右摆动

↓ 指针摆动幅度越大说明场效应晶体管的放大能力越大

↓ 如果指针不动，说明该场效应晶体管已损坏

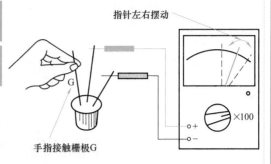

指针左右摆动

手指接触栅极G

×100

估测绝缘栅型场效应晶体管（MOS 管）的放大能力

　　由于绝缘栅型场效应晶体管的输入阻抗很高，为防止人体感应电压引起栅极击穿，测量时不要用手直接接触栅极 G，而应手拿螺钉旋具（俗称螺丝刀）的绝缘柄，用螺钉旋具（俗称螺丝刀）的金属杆去接触栅极 G，如下图所示：

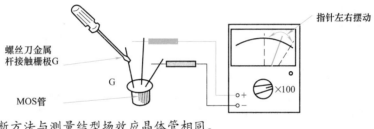

螺丝刀金属杆接触栅极G

指针左右摆动

MOS管

×100

　　判断方法与测量结型场效应晶体管相同。

## 1.3.4　晶闸管的检测

　　晶闸管是晶体闸流管的简称，俗称可控硅，是最常用的功率型半导体控制器件之一，具有广泛的用途。

　　晶闸管可分为单向晶闸管、双向晶闸管、门极关断晶闸管等种类，包括塑封式、陶瓷封装式、金属壳封装式、大功率螺栓式和平板式等，如下图所示：

晶闸管的文字符号为 VS，图形符号如下图所示：

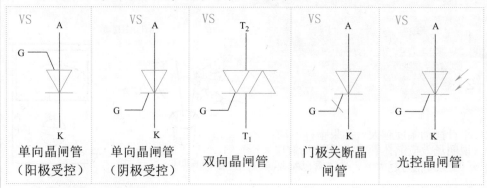

| 单向晶闸管（阳极受控） | 单向晶闸管（阴极受控） | 双向晶闸管 | 门极关断晶闸管 | 光控晶闸管 |

## 单向晶闸管的引脚

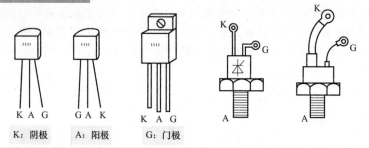

K：阴极　　A：阳极　　G：门极

## 双向晶闸管的引脚

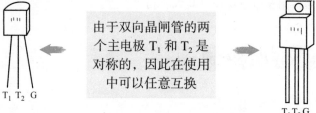

由于双向晶闸管的两个主电极 $T_1$ 和 $T_2$ 是对称的，因此在使用中可以任意互换

晶闸管具有可控制的单向导电性，即有单向导电的整流作用，可以对导通电流进行控制。

## 单向晶闸管的引脚

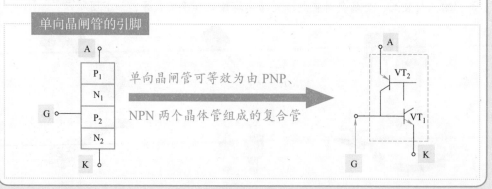

单向晶闸管可等效为由 PNP、NPN 两个晶体管组成的复合管

双向晶闸管的引脚

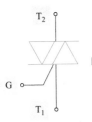

双向晶闸管等效于两个

单向晶闸管反向并联

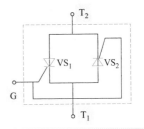

单向晶闸管和双向晶闸管被触发即导通，并在触发电压消失后仍维持导通状态，直至导通电流小于晶闸管的维持电流时晶闸管才关断。

**检测单向晶闸管**

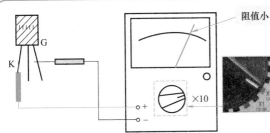

阻值小

| 1 | 万用表置于"R×10"档 |
|---|---|
| 2 | 黑表笔接门极 G |
| 3 | 红表笔接阴极 K |
| 4 | 单向晶闸管门极与阴极的正向电阻应有较小阻值 |

对调两表笔后测其反向电阻，应比正向电阻明显大一些。

正常情况下，正、反向电阻均为无穷大

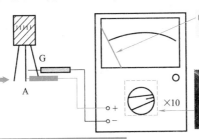

电阻值为无穷大

| 5 | 万用表黑表笔仍接单向晶闸管的门极 G |
|---|---|
| 6 | 红表笔改接至阳极 A，阻值应为无穷大 |
| 7 | 对调两表笔后再次检测，电阻值仍应为无穷大 |

检测单向晶闸管的导通特性

| 1 | 检测单向晶闸管的导通特性时，万用表置于"R×1"档 | 2 | 黑表笔接单向晶闸管的阳极 A，红表笔接其阴极 K | 3 | 指针指示应为无穷大，如下图所示 |
|---|---|---|---|---|---|

将A、G进行短接

指针向右摆动

| 4 | 用螺钉旋具等金属物将门极 G 与阳极 A 短接一下（短接后即断开） |
|---|---|
| 5 | 指针应向右偏转并保持在十几欧处，否则说明该晶闸管已损坏 |

**检测双向晶闸管**

检测双向晶闸管

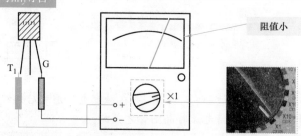

阻值小

| | | | |
|---|---|---|---|
| **1** | 检测时，万用表置于"R×1"档 | **2** | 用两表笔去测量双向晶闸管的门极G与主电极$T_1$间的正、反向电阻 |
| **3** | 测得的正、反向电阻均应为较小阻值 | | |
| **4** | 再用万用表两表笔去测量双向晶闸管的门极G与主电极$T_2$间的正、反向电阻 | **5** | 正、反向电阻均应为无穷大，如下图所示 |

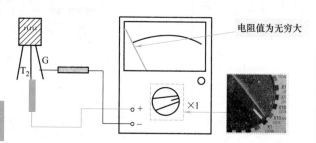

电阻值为无穷大

| | |
|---|---|
| **6** | 如果测量结果不符合，说明该双向晶闸管已损坏 |

检测双向晶闸管的导通特性

检测的操作步骤如下：

| | | | |
|---|---|---|---|
| **1** | 检测双向晶闸管的导通特性时，万用表仍置于"R×1"档 | **2** | 黑表笔接双向晶闸管的主电极$T_1$，红表笔接其主电极$T_2$ |
| | | **3** | 指针指示应为无穷大，如下图所示 |
| **4** | 用螺钉旋具等将门极G与主电极$T_2$短接 | | |
| **5** | 指针应向右偏转并保持在十几欧处，否则说明该双向晶闸管已损坏 | | |

短接$T_2$、G

指针向右偏转

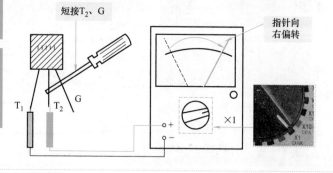

**检测门极关断晶闸管**

| 1 | 检测时，万用表置于"R×1"档 | 2 | 黑表笔接门极关断晶闸管的阳极 A，红表笔接其阴极 K | 3 | 指针指示应为无穷大，如下图所示 |

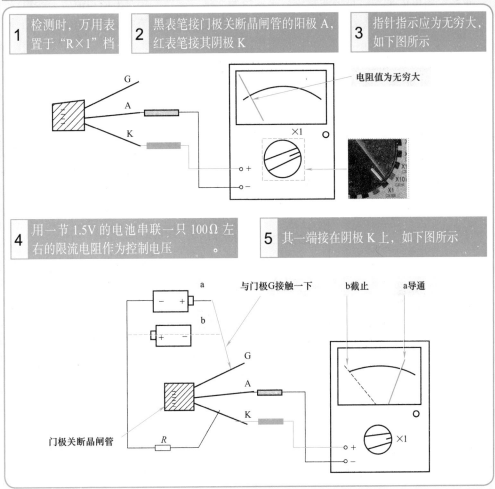

| 4 | 用一节 1.5V 的电池串联一只 $100\Omega$ 左右的限流电阻作为控制电压 。 | 5 | 其一端接在阴极 K 上，如下图所示 |

# 1.4
## 指针式万用表的变通使用

第1章

 **1.4.1 用交流电压档应急测量直流电压**

多数万用表直流电压档的分压电阻是采用串联方式连接的，因而，当某一档损坏后，会使有关联的各直流电压档失效。遇到这种情况，作为应急使用，可用交流电压档测量直流电压，只要将读数进行简单计算即可得到相近的直流电压值。此方法仅供应急，应及时修理更换万用表。

万用表交流电压档多数采用半波整流方式。

正弦交流电的平均值是半波整流后平均值的2倍,刻度线对应的是正弦交流电平均值1.11倍的有效值 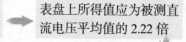 表盘上所得值应为被测直流电压平均值的2.22倍

例如,AC10V档测得的值可能是实际值的1.96倍,而AC2.5V档则可能是1.95倍,不同型号万用表此倍数不尽相同 ← 由于整流器件的正向压降和非线性及其对交流电压档的补偿措施,实测值约为被测直流电压的2倍,且此倍数对各档而言会略有差异

当直流电压档损坏时,作为应急,可用交流电压档测量直流电压,将测得值除以2即得被测直流电压的大约值。具体操作方法如下图所示:

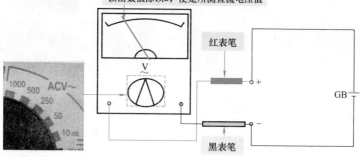

选择合适的交流电压档,将红表笔接被测直流电压的"+"电极,将黑表笔接"–"电极,在相应的刻度线上读出对应的数值,并将此值除以2,便得到被测量直流电压的大约值。

另外,被测直流电压中含有交流成分,应在两表笔间并接一只2μF/450V的无极性电容,以将交流旁路。否则,交流成分也被一起测出,所得结果将是不准确的。

---

>> 特殊提示

测量时表笔极性不能接反,若将极性搞错,万用表指针是不会有指示值的。同时,此法不适合测量低于万用表所用整流器件阈值电压(硅管为0.5~0.7V)的直流电压。

---

用MF500型万用表交流电压档实测的几组直流电压值,供读者参考,具体内容见下表:

| 用交流档测得的值/V | 2.9 (AC10V档) | 5.9 (AC10V档) | 19 (AC50V档) | 24.5 (AC50V档) | 61 (AC250V档) |
|---|---|---|---|---|---|
| 实际直流电压值/V | 1.5 | 3 | 9 | 12 | 30 |

---

>> 特殊提示

MF500型万用表交流电压档采用半波整流电路,所以两种值是近似2倍的关系,若用全波整流的万用表交流电压档测量直流电压,则测得的值即为直流电压值,无需除以2。

## 1.4.2　用小电流档测量小电压

多数万用表的最低直流电压档为 2.5V，若用此档测量 200mV 以下的毫伏级电压，误差是比较大的。实践证明，用最小电流档来测量毫伏级的小电压是可行的。

万用表最小电流档作小电压档的量程由右式决定：$U=IR$ ← $R$ 为该档内阻

$I$ 为最小直流电流档的量程

例如某表 $R$=4.5kΩ，$I$=50μA，则 $U=50×10^{-6}×4.5×10^{3}V=0.225V=225mV$，也就是说此表的 50μA 档可作 225mV 的小电压档，用来测量几十毫伏的电压。因其内阻为 4.5kΩ，所以电压灵敏度为 $4.5×10^{3}÷0.225$kΩ/V=20kΩ/V。

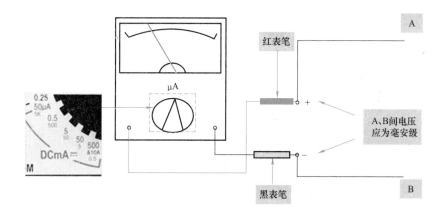

测量前，要用原 2.5V 档检查一下被测电压是否确实小于 0.225V，以免烧表。读数时，要明确量程为 0.225V 的对应值，并将其换算为正确的实际值。

绝大多数万用表 50μA 档的内阻均为几千欧。以 500 型为例，其 50μA 档的内阻为 3kΩ，经计算，能作为 0.15V 的电压表使用。

既然小电流档可以作为小电压档使用，若反过来用小电压档测量小电流是否可行呢？仅以 500 型万用表为例，稍做计算便知可行。该表灵敏度为 20kΩ/V，所以其 2.5V 档的内阻为 50kΩ，满度时电流为 $2.5÷50×10^{3}$μA=50μA，从理论上讲该档可作量程为 50μA 的电流表，但其内阻（50kΩ）太大，用来测量小电流，没有实用价值。因此，小电压档通常不适合作为小电流档来使用。

>>特殊提示

大于 50μA 的电流档不宜作小电压档，因为其内阻太小，将引起较大误差。此外，小电压档的电压灵敏度虽然不低，但内阻却很小（几千欧），这在使用时也应注意。

### 1.4.3 用万用表测量大内阻电路的电压

在测量大内阻电路的电压时，由于电压档内阻相对比较低，所以不可避免地会对被测电路产生分流作用，使测量数值大大低于实际值，如下图所示：

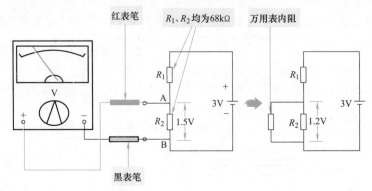

解决上述问题的方法是用两个不同的电压档各测一次被测电压，然后通过计算得到准确值。

| | |
|---|---|
| 设用 $m$ 量程的档测得某电压的值为 $a$，用 $n$ 量程的档测得同一电压的值为 $b$，则该电压的准确值为 | 例如测量 A、B 两点间的电压，用 10V 档测量时，所得值为 3.2V，用 50V 档测量时，所得值为 3.9V，则此电压的准确值为 |
| $$U = \frac{|m-n|}{|m/a - n/b|}$$ | $$U = \frac{|10-50|V}{|10/3.2 - 50/3.9|} = 4.13V$$ |

此方法既适用于测量直流电压，也适用于测量交流电压。另外，利用此法测量电压，还可对被测电路做如下分析，在有些情况下是非常实用的。

#### 估计被测电路内阻大小

用万用表两个不同的电压档分别测量该电路，得到两个值。

| | | | |
|---|---|---|---|
| 若这两个值相同，则表明电路内阻很小，与电压档内阻相比可忽略不计 | 两个电阻值相同 | 两个电阻值不同 | 若两个值不同，值差小时，则内阻小；值差大时，则内阻大 |

#### 判别测得的电压是否准确

用两个不同的电压档分别测量某电路电压：

| | | | |
|---|---|---|---|
| 所得的两个值之差很小，则两次测量都比较准确，而值大的一次更准 | 两个电阻差值很小 | 两个电阻差值很大 | 若所得的两个值之差很大，则其中至少有一次不准，而较大的值接近准确值 |

求电路内阻 $r$

所用档位的电压灵敏度

被测电路的内阻为 ⟶ $r = \beta m(U/a - 1)$

所用档位的量程

所测电压的准确值

$$U = \frac{|m - n|}{|m/a - n/b|}$$

　　按上述公式求出被测电路的内阻，$a$ 为该 $m$ 档测量时所得值。

## 1.4.4　测量非正弦周期性电压

　　万用表的交流档是按正弦波的有效值刻度的，而且这又是以有效值为平均值的固定倍数（1.111，即 $\sqrt{2}\,\pi/4$ 倍）关系为基础的。指针按平均值偏转时，就可以直接读取有效值。而其他非正弦电压波形（方波、矩形波、三角波、锯齿波、梯形波、阶梯波）的有效值，一般不是平均值的 1.111 倍，所以不能直接读取有效值。

　　要掌握被测非正弦电压的变化规律，就能准确测量其电压的平均值 $U_A$、有效值 $U_R$、峰值 $U_P$、峰-峰值 $U$。表达波形特征有两个重要参数，即"波形因数"和"波峰因数"。

波形因数 ⟹ 电压有效值 $U_R$ 与平均值 $U_A$ 之比，称作波形因数，用 $K_F$ 表示 ⟶ $$K_F = \frac{U_R}{U_A} \qquad (U_R = K_F U_A)$$

波峰因数 ⟹ 电压的峰值 $U_P$ 与有效值 $U_R$ 之比，称作波峰因数，用 $K_P$ 表示 ⟶ $$K_P = \frac{U_P}{U_R} \qquad (U_P = K_P U_R)$$

　　万用表交流电压档属于平均值电压表。虽然表盘按有效值刻度，但在测量交流电压时，整流电路所检测出来的却是电流平均值。

定度系数（$K_d$） ⟹ 电流的有效值 $I_R$ 与平均值 $I_A$ 之比，称作仪表的定度系数，用 $K_d$ 表示。

　　万用表交流电压（或电流）档的定度系数为

$$K_d = \frac{I_R}{I_A} = 1.111$$

　　此式也可写成 $1/K_d = 0.9$，该值恰好与正弦波的波形因数 $K_F$ 相等。

　　对于全波整流，$K_d = \dfrac{I_R}{I_A} = 1.111$；对于半波整流，电流平均值为 $I_{A1}$，$\dfrac{I_R}{I_{A1}} = 2.222$，但由于 $I_A = I_{A1}/2$ 所以仍得到 $K_d = \dfrac{I_R}{I_A} = 1.111$。可见，这两种整流方式的 $K_d$ 是不变的。所以上式对全波整流和半波整流均适用。

| | | |
|---|---|---|
| **1** 根据以上分析可知，用万用表测量非正弦波电压时 | **2** 只有平均值电压才有实际意义，但表盘是按正弦波有效值刻度的 | **3** 应将读数除以1.111 或乘以 0.9 |

| | |
|---|---|
| **4** 折算成电压平均值，再代入 $U_R=K_FU_A$ 求出 $U_R$，代入 $U_P=K_PU_R$ 求出 $U_P$ | **5** 对于方波、三角波、锯齿波、梯形波，将 $U_P$ 乘 2，即得到 $U$（峰 - 峰值） |

八种常见波形的参数，可供测试时计算使用，具体见下表

| 序号 | 名称 | 波形图 | 电压有效值 $U_P$ | 电压平均值 $U_A$ | 电压均绝值 $\lvert U_A \rvert$ | 波形因数 $K_F$ | 波峰因数 $K_P$ |
|---|---|---|---|---|---|---|---|
| 1 | 正弦波 | | $0.707U_P$ $\left(\frac{\sqrt{2}}{2}U_P\right)$ | $0.637U_P$ $\left(\frac{2}{\pi}U_P\right)$ | $0.637U_P$ $\left(\frac{2}{\pi}U_P\right)$ | 1.111 | 1.414 |
| 2 | 半波整流波 | | $0.5\lvert U_P\rvert$ | $0.318U_P$ $\left(\frac{1}{\pi}U_P\right)$ | $0.318U_P$ $\left(\frac{1}{\pi}U_P\right)$ | 1.571 | 2 |
| 3 | 全波整流波 | | $0.707U_P$ $\left(\frac{\sqrt{2}}{2}U_P\right)$ | $0.637U_P$ $\left(\frac{2}{\pi}U_P\right)$ | $0.637U_P$ $\left(\frac{2}{\pi}U_P\right)$ | 1.111 | 1.414 |
| 4 | 方波 | | $U_P$ | 0 | $U_P$ | 1 | 1 |
| 5 | 矩形波 | | $\sqrt{\frac{t_0}{T}}U_P$ | | | $\sqrt{\frac{T}{t_0}}$ | $\sqrt{\frac{T}{t_0}}$ |
| 6 | 三角波 | | $0.577U_P$ $\left(\frac{\sqrt{3}}{3}U_P\right)$ | 0 | $0.5U_P$ | 1.155 | 1.732 |
| 7 | 锯齿波 | | $0.577U_P$ $\left(\frac{\sqrt{3}}{3}U_P\right)$ | $0.5U_P$ | $0.5U_P$ | 1.155 | 1.732 |
| 8 | 梯形波 | | $\sqrt{1-\frac{4\alpha}{3\pi}}U_P$ | 0 | $\left(1-\frac{\alpha}{\pi}\right)U_P$ | $\dfrac{\pi\sqrt{1-\frac{4\alpha}{3\pi}}}{\pi-\alpha}$ | $\dfrac{1}{\sqrt{1-\frac{4\alpha}{3\pi}}}$ |

注：因方波、三角波、梯形波的平均值 $U_A=0$，所以用 $\lvert U_A\rvert$ 来代替 $U_A$；对于矩形波，$T$ 表示周期，$t_0$ 表示脉冲宽度；对于梯形波，$\alpha$ 表示斜边所对应的相位角。

【例1】测量某型彩色电视机行激励级 15625Hz 矩形波。已知脉冲周期 $T=64\mu s$，宽度 $t_0=20\mu s$，正常峰值电压应为 7.5V。用 MF500 型万用表 AC10V 档测量，读数为 2.5V。计算步骤如下：

电压平均值　　　　$U_A=2.5\times0.9\text{V}=2.25\text{V}$

波形因数　　　　　$K_F=K_P=\sqrt{\dfrac{64}{20}}=1.789$

电压有效值　　　　$U_R=1.789\times2.25\text{V}=4.025\text{V}$

电压峰值　　　　　$U_P=1.789\times4.025\text{V}=7.2\text{V}$

【例 2】测量某台示波器输出的 100Hz 锯齿波扫描电压。使用 MF500 型万用表 AC 10V 档。经实测，读数为 10V。计算步骤如下：

电压平均值　　　$U_A = \dfrac{10}{1.111}\ \mathrm{V} = 9\mathrm{V}$

查表可知　　　　$K_F = 1.155$，$K_P = 1.732$，则

电压有效值　　　$U_R = K_F U_A = 1.155 \times 9\mathrm{V} = 10.395\mathrm{V}$

电压峰值　　　　$U_P = K_P U_R = 1.732 \times 10.395\mathrm{V} = 18\mathrm{V}$

>> 特殊提示

测量时若发现指针不摆动，可调换表笔重新测量。如被测非正弦电压中含有直流电压，应在万用表输入端串接一只 0.22μF/450V 的隔直流电容。

##  1.4.5　检修彩色电视机的干扰信号

彩色电视机的中频及伴音通道，通常在电视机中都会有个集成块，例如 TA7680AP，该芯片共有 24 个引脚，其中⑫脚接地，㉑脚为伴音中频信号输入端。

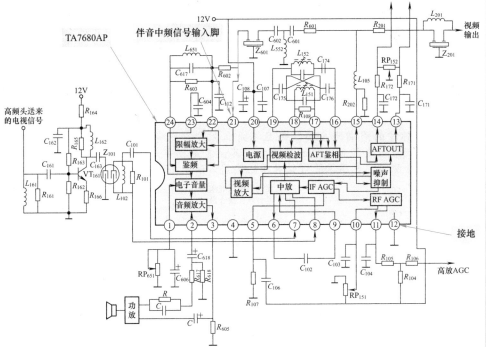

由于万用表"R×1k"以下电阻档接有 1.5V 电池，所以当用表笔不断地触碰彩色电视机中相关测试点时，将产生一系列干扰脉冲信号，具体方法是

| 1 | 将万用表置于"R×1k"电阻档 | 2 | 将红表笔接地，可以接在 12 脚上 | 3 | 用黑表笔触碰电路的伴音中频信号输入端 |
|---|---|---|---|---|---|

| 4 | 黑表笔可以慢慢触碰上图中箭头所在电路，观察屏幕上图像和扬声器中声音的反应 |
|---|---|

5 在某些正常时反应较迟钝的点，可采用万用表"R×100"档或"R×10"档。因为万用表内阻越小，其输出电流就越大，反应就越明显。

>> 特殊提示

在用万用表表笔触碰相关电路时，一定不能将万用表误触至各路电源上，否则容易引起打表现象，甚至将万用表指针打坏。

 **1.4.6 测量彩色显像管的灯丝电压**

在彩色电视机中，彩色显像管的灯丝电压都取自行输出变压器（FBT）的一个二次绕组，即用行逆程脉冲为显像管灯丝供电。

电视机行输出变压器是行扫描电路的专用变压器，在电路中的主要作用是将行扫描电路形成的脉冲电压通过行输出变压器形成高压、中压及低压直流电压，以保证显像管能正常产生光栅。

| 电视机行输出变压器 | 电视机彩色显像管 |
| --- | --- |
|  |  |

行逆程脉冲的周期为64μs，而且不是正弦波，测量这种波形，一般采用示波器，若用万用表的电压档直接进行测量，其误差是相当大的，下面介绍一种用万用表比较准确地测量彩色显像管灯丝电压的实用方法。测试电路如下图所示：

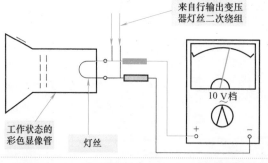

1 先用万用表AC10V档测量灯丝电压

2 将测得的值乘以 $n$（2.3～3）即为灯丝脉冲电压的有效值

$n$ 值视不同型号万用表而异，其确定方法如下：

1 假如用万用表测量一正常灯丝电压（6.3V）时

2 如读数为2.5V

3 则此万用表的 $n$ 值为 6.3÷2.5=2.52

4 若用此万用表AC10V电压档测量另一显像管灯丝电压，如指示值为2.6V

5 则实际灯丝电压有效值为 2.6×2.52V=6.55V

# 第 2 章

# 数字式万用表

# 2.1 了解数字式万用表的结构

## 2.1.1 数字式万用表的特点及性能参数

数字式万用表也称数字多用表（DMM），是目前国内外最常用的一种数字仪表。数字式万用表的测试功能远远超过指针式万用表。

### 数字式万用表的特点

数字式万用表把所测量的电压、电流、电阻等值直接以数字的形式显示出来。它不仅可以测量直流电流、交流电流、直流电压、交流电压、电阻等参量，还可以测量电容、电感，用来识别二极管、晶体管的电极和类型，检测二极管、晶体管的质量等，并可以测量晶体管的放大倍数。

 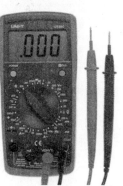

将数字式万用表与指针式万用表进行对比，其特点如下：

准确度和分辨力高

数字式万用表的准确度相当高，这是指针式万用表所望尘莫及的。

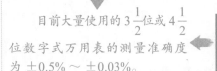

|  数字式万用表  |  指针式万用表  |

目前大量使用的 $3\frac{1}{2}$ 位或 $4\frac{1}{2}$ 位数字式万用表的测量准确度为 $\pm0.5\%\sim\pm0.03\%$。

对比

指针式万用表（使用磁电系表头），其准确度仅为 $\pm2.5\%$，较高者的准确度也只有 $\pm1.0\%$。

至于 $5\frac{1}{2}$ 位或 $8\frac{1}{2}$ 位的数字式万用表，其准确度就更高了，分别为 $\pm0.002\%$ 及 $\pm0.00006\%$。

数字式万用表的分辨力也是很高的。

| 1 | $3\frac{1}{2}$ 位和 $3\frac{3}{4}$ 位数字式万用表的分辨力为 100μV | 2 | $4\frac{1}{2}$ 位、$4\frac{3}{4}$ 位数字式万用表的分辨力为 10μV |
|---|---|---|---|

| 3 | $5\frac{1}{2}$ 位、$6\frac{1}{2}$ 位、$7\frac{1}{2}$ 位、$8\frac{1}{2}$ 位数字式万用表的分辨力分别为 1mV、100nV、10nV 和 1nV |
|---|---|

### 输入阻抗高

数字式万用表的输入阻抗很高，在测量过程中对被测电路的影响极小，因此测量的准确性较高。例如在测量电压时，$3\frac{1}{2}$ 位数字式万用表直流档的输入阻抗一般为 10MΩ，交流档不小于 2.5MΩ。

**数字式万用表**

高电阻档测试电流不超过 1μA，200Ω 档的最大测试电流（即把两表笔短路时的电流）也仅为 1mA 左右

数字式万用表和指针式万用表对比

**指针式万用表**

在小倍率电阻档上（如"R×1"档）的短路电流可达数十毫安

数字式万用表更适合对一些低功耗和易受温度影响的元器件（如热敏电阻）进行检测。

### 测量速率快

数字式万用表的测量速率主要取决于 A-D 转换器的转换速率。结构不同的数字式万用表，其转换速率相差很大。

$3\frac{1}{2}$ 位、$4\frac{1}{2}$ 位数字式万用表的测量速率通常为 2～4 次/s

常用数字式万用表

高速数字式万用表

$4\frac{3}{4}$ 位、$7\frac{1}{2}$ 位数字式万用表的测量速率一般可达每秒几十次甚至更高

### 过载能力强

对于数字式万用表，在使用过程中只要不超过规定的极限值，偶尔出现误操作，一般不会损坏表内的大规模集成电路，它的过载能力要比指针式万用表强得多。

这是由于数字式万用表本身的输入阻抗很高，并且具有比较完善的保护电路。

### 测量的参数多

数字式万用表和指针式万用表测量参数的对比如下：

# 看图学万用表使用技能

指针式万用表              数字式万用表

对比

一般的指针式万用表只能测量交、直流电压，交、直流电流和电阻。

数字式万用表除了能测量电压、电流和电阻外，一般还能测量二极管的正向压降和晶体管的共发射极电流放大系数 $h_{FE}$。

一些数字式万用表还具有电容、频率和温度等测量功能。较新型的数字式万用表还增设了电导测量功能。而且根据电子蜂鸣器的声响还可判断线路的通断，这给电子线路的调试和维修带来很大的方便。

## 功能齐全

1 有自动调零功能（电容档除外）
→ 保证了当被测量为零时的读数也为零。

2 能自动转换并显示极性
→ 当被测电压/电流极性与表笔极性不一致时，仪表能自动显示负号，而不必像指针式万用表那样需要调换表笔。

过载时                    供电不足时

对于非自动量程切换的数字式万用表

当它过载时，能自动给出过载显示（一般显示"1"或"-1"，负号显示与否取决于仪表输入的极性）。

当电池电压过低造成供电不足时，仪表能通过显示特定的符号（如"LOW BATT""←"等字样）自动进行提示。

3 显示被测单位
→ 某些数字式万用表还能自动显示被测量的单位和符号（如"mA""kΩ"等字样）。

4 有效降低了误差
→ 数字式万用表的数字显示使得测量结果的读数更加迅速准确，从而克服了人为的读数误差，也减轻了使用者的视觉疲劳。

5 小巧的体积和轻巧的重量
→ 数字式万用表的优点还体现在它小巧的体积和轻巧的重量上。

仪表采用了大规模集成电路和低功耗电路元器件，这使得仪表重量一般不超过300g

小巧的体积使它几乎可以装入衣袋内，这给经常外出进行维修服务的人员带来了极大的便利

## 不足之处

数字式万用表的不足之处主要表现在它难以像指针式万用表那样直观地反映被测量的连续变化过程和变化趋势。由于这种仪表采用了专用集成电路，所以它的维修相对要难一些。

## 数字式万用表的性能参数

数字式万用表最主要的技术指标有显示位数、分辨率、测量速率、输入特性、抗干扰能力。

### 显示位数

显示位数是表征数字式万用表性能的最基本也是最直观的指标之一，它是以完整显示数字的多少来确定的。

数字式万用表的显示位数通常为 $3\frac{1}{2} \sim 8\frac{1}{2}$ 位，具体讲，有 $3\frac{1}{2}$ 位、$3\frac{3}{4}$ 位、$4\frac{1}{2}$ 位、$4\frac{3}{4}$ 位、$5\frac{1}{2}$ 位、$6\frac{1}{2}$ 位、$7\frac{1}{2}$ 位和 $8\frac{1}{2}$ 位共 8 种。

### 分辨率

分辨率是指一块表测量结果的好坏。了解一块表的分辨率，你就可以知道是否可以看到被测量信号的微小变化。

| 如果数字式万用表在 4V 范围内的分辨率是 1mV | ➡ | 在测量 1V 的信号时，可以看到 1mV（1/1000V）的微小变化 |

### 测量速率

测量速率 ➡ 测量速率是指数字式万用表单位时间（1s）内对被测量进行测量的次数，也就是仪表每秒钟内给出显示值的次数，其单位是"次/s"。

测量周期 ➡ 完成一次测量过程所需要的时间叫作测量周期。

**测量速率** ⬇

测量速率主要取决于A-D转换器的转换速率。对于采用不同类型A-D转换器的数字式万用表，其测量速率差别很大。

*测量速率与测量周期呈倒数关系*
*测量速率越高，测量周期就越短*

**测量周期** ⬇

有的袖珍式数字万用表用测量周期来表示测量的快慢。

| 常用数字式万用表的测量速率 | 较快数字式万用表的测量速率 | 高速数字式万用表的测量速率 |
|---|---|---|
| $3\frac{1}{2}$ 位、$4\frac{1}{2}$ 位数字式万用表的测量速率一般为 2~5 次/s，多数仪表为 2~3 次/s | $4\frac{3}{4}$ 位 DMM 的测量速率可达 20 次/s | $5\frac{1}{2}$ 位~$7\frac{1}{2}$ 位数字式万用表的测量速率一般为每秒几十次以上，有的能达到每秒几百甚至上千次。 |

### 抗干扰能力

引起数字式万用表测量误差的干扰源不外乎内部干扰和外部干扰两个方面。

**内部干扰** ⬇

内部干扰有漂移和各种噪声。

*对于使用者来说，更关心的是外部干扰的来源及抑制*

**外部干扰** ⬇

外部干扰有共模干扰和串模干扰。

**2.1.2　数字式万用表的组成及工作原理**

## 数字式万用表的组成

常见的数字式万用表外观如下图所示：

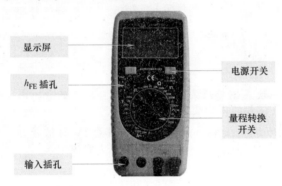

显示屏
$h_{FE}$插孔
电源开关
量程转换开关
输入插孔

### 显示屏

显示屏 ➡ 能显示极性、小数点、过载、低电压指示等多种提示符。

### 电源开关

**1** 将开关置于"ON"位置时，电源接通　　**2** 不用时，置于"OFF"位置

若长期不用，则应取出电池。

### 量程转换开关

所有测量项目和量程都由此转换开关来设定。应根据不同被测信号的要求，首先确定该转换开关的档位。

为方便操作，开关周围用分界线标出各种不同的测量种类和量程。

### 输入插孔

输入插孔共有"10A""mA""COM"和"V/Ω"四个插孔。在使用时，黑表笔始终插在"COM"插孔中，红表笔则根据具体测量对象插入不同插孔。

| 当测量交、直流电压时，红表笔插入"V/Ω"插孔 | 当测量小于200mA的交、直流电流时，红表笔插入"mA"插孔 | 当测量200mA～10A之间的交、直流电流时，红表笔插入"10A"插孔 |

### $h_{FE}$ 插孔

根据被测晶体管的种类、型号，将晶体管的 E、B、C 三个极分别插入对应的插孔内。

常见的数字式万用表内部组成框图如下图所示：

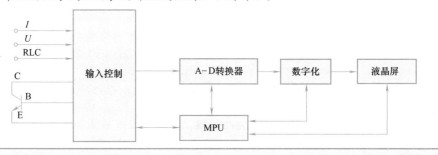

>> 特殊提示

在使用各电阻档、二极管档、通断档时，红表笔插入"V/Ω"插孔（表笔带正电），黑表笔插入"COM"插孔。这与指针式万用表在各电阻档时的表笔带电极性恰好相反，使用时应特别注意。

数字式万用表主要包括输入控制电路、液晶屏显示单元、控制处理单元（MPU）、A-D 转换电路等。

### 输入控制电路

数字式万用表一般通过一对红、黑表笔引入外部输入信号。

对于两端元器件的测量也是通过表笔输入的

对于像晶体管这样的三端元器件，一般由独立的测试座输入

针对输入信号幅值的不同，输入控制电路设有不同的衰减器，当测量值超出范围时，系统能给出溢出提示，部分数字式万用表设有语音提示功能，会及时给出操作有误的信息。

### 显示单元

绝大多数数字式万用表选用液晶屏作为显示终端。

液晶屏由许多个由液晶材料构成的显像单元（像素）组成，典型的有字符型和点阵式等。

### 控制处理单元

数字式万用表由逻辑控制单元或微处理器构成控制单元，特别是单片机在数字式万用表中构成控制器（MPU），管理测量操作过程和处理测量结果。

在一定程度上可以以软件功能代替或简化硬件功能，如自动量程转换、自动误差校正、抑制干扰等

MPU 的使用在很大程度上降低了系统成本，提高了仪表的智能化程度和操作的便利性

转换电路

数字式万用表的转换电路包括两类：

| 基本转换电路 | 测试转换电路 |
|:---:|:---:|
| ⬇ | ⬇ |
| 负责将模拟状态的直流电量转换为数字量。 | 负责将被测的物理量转换为仪器可以处理的直流电量。 |

## 数字式万用表的工作原理

数字式万用表通过量程转换开关的转换，即可构成电压表、电流表、欧姆表、电容表等基本形态。

直流电压表

测量直流电压时，通过量程转换开关的转换，电路构成直流电压表，如下图所示：

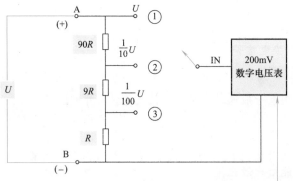

电阻 ➡ 3 个电阻构成分压器，被测电压 $U$ 加在分压器的 A、B 两端间，A 端为正，B 端为负。

数字表头（200mV 电压表）仅测量取样电阻上的电压，取样电阻可以是分压器的一部分，也可以是分压器的全部。改变取样比，即可改变量程。

**1** 当数字表头输入端 IN 接①端时，整个分压器都是取样电阻，取样电压 $U_{IN} = U$

**2** 当数字表头输入端 IN 接②端时，取样电阻为 $R+9R$，取样电压 $U_{IN} = U/10$，量程扩大为 10 倍

**3** 当数字表头输入端 IN 接③端时，取样电阻为 $R$，取样电压 $U_{IN} = U/100$，量程扩大为 100 倍

　　由于取样电压的变化倍率为 10 的整数倍，因此只需相应移动液晶屏中显示数字的小数点位置，即可直观地显示出被测电压的实际数值。取样比的改变和小数点位置的移动由量程转换开关根据量程同步控制。

### 直流电流表

　　测量直流电流时，通过量程转换开关的转换，电路构成直流电流表，如下图所示：

由取样电阻 $R$ 构成电流-电压转换器

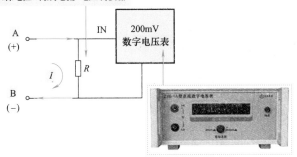

**取样电阻 $R$** ➡ 被测电流 $I$ 由 A 端进、B 端出，在取样电阻 $R$ 上必然产生电压降 $U_R$。 ➡ $U_R=IR$，数字表头（200mV 电压表）测量取样电阻上的电压降，便可间接测得电流值。改变取样电阻的大小，即可改变量程。

　　取样电阻由 3 个电阻构成，如下图所示：

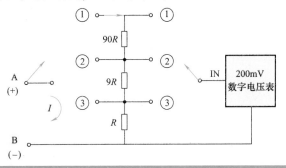

**1** 当被测电流输入端 A 和数字表头输入端 IN 接①端时，取样电阻 $R_1 = 90R+9R+R = 100R$

**2** 当被测电流输入端 A 和数字表头输入端 IN 接②端时，取样电阻 $R_2=9R+R=10R$，缩小为 $R_1$ 的 1/10，要获得相同的电压降，电流必须增大 10 倍，即量程扩大 10 倍

**3** 当被测电流输入端 A 和数字表头输入端 IN 接③端时，取样电阻 $R_3=R$，缩小为 $R_1$ 的 1/100，量程扩大 100 倍

　　取样电阻的变化倍率为 10 的整数倍，因此只需相应移动液晶屏中显示数字的小数点位置，即可直观地显示出被测电流的实际数值。

　　取样电阻的改变和小数点位置的移动由量程转换开关根据量程同步控制。

### 交流电压表

测量交流电压时，通过量程转换开关的转换，电路构成交流电压表，如下图所示：

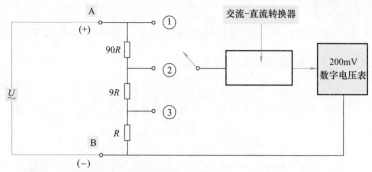

交流电压档与直流电压档共用一个分压器，所不同的是在测量交流电压时：

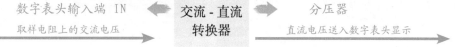

交流-直流转换器同时能够将交流电压的峰值校正为有效值，因此液晶屏显示的读数为被测交流电压的有效值。

### 交流电流表

测量交流电流时，通过量程转换开关的转换，电路构成交流电流表，如下图所示：

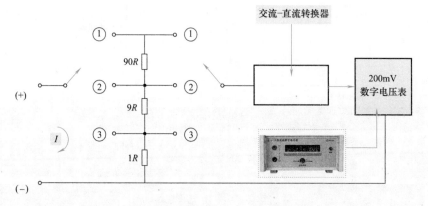

与直流电流表电路相比可见，交流电流表只是在直流电流表电路的基础上增加了一个交流-直流转换器，将被测交流电流 $I$ 在取样电阻上的交流电压降转换为直流电压降再送入数字表头显示。同样因为交流-直流转换器的校正作用，液晶屏显示的读数为被测交流电流的有效值。

### 欧姆表

测量电阻时，通过量程转换开关的转换，电路构成欧姆表，如下图所示：

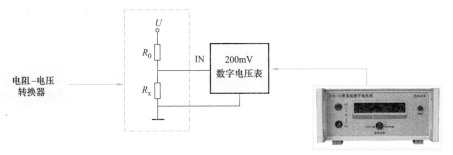

标准电阻 $R_0$ 和被测电阻 $R_x$ ➡ 在两个电阻上加标准电压 $U$，则 $R_0$ 和 $R_x$ 上分别按比例产生一定的电压降。由于标准电阻 $R_0$ 的阻值已知，因此测量 $R_x$ 上的电压降 $U_x$ 即可间接测得被测电阻 $R_x$ 的阻值。

| **1** 根据数字表头中集成电路 IC7106 的特性 | **2** 当 $R_x=R_0$ 时，显示读数为 1000 | **3** 合理设计 $R_0$ 的取值，便可使液晶屏直接显示被测电阻的阻值，改变 $R_0$ 即可改变量程 |

标准电阻 $R_0$ 由 3 个电阻组成，如下图所示：

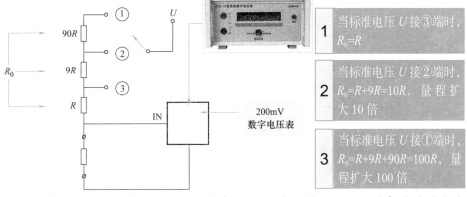

| **1** 当标准电压 $U$ 接③端时，$R_0=R$ |
| **2** 当标准电压 $U$ 接②端时，$R_0=R+9R=10R$，量程扩大 10 倍 |
| **3** 当标准电压 $U$ 接①端时，$R_0=R+9R+90R=100R$，量程扩大 100 倍 |

如前文可知，标准电阻的变化倍率为 10 的整数倍，因此只需相应移动液晶屏中显示数字的小数点位置，即可直观地显示出被测电阻的阻值。

标准电阻的改变和小数点位置的移动由量程转换开关根据量程同步控制。

### 电容表

测量电容时，通过量程转换开关的转换，电路构成电容表，如下图所示：

| 1 | 电容 - 电压转换器将被测电容 $C_x$ 转换为相应的交流电压 | 2 | 再由交流 - 直流转换器将交流电压转换为直流电压送入数字表头显示，电容 - 电压转换器电路原理如下图所示 |
|---|---|---|---|

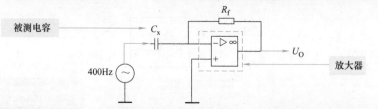

| 1 | 上图中测量信号源为 400Hz 正弦波信号 | 2 | 通过被测电容 $C_x$ 耦合至放大器进行放大 | 3 | $U_0$ 为放大后的输出信号 |
|---|---|---|---|---|---|

放大器的放大倍数 $A$ 为反馈电阻 $R_f$ 与被测电容 $C_x$ 的容抗 $\frac{1}{\omega C_x}$ 之比，即

$$A = \frac{R_f}{\frac{1}{\omega C_X}} = R_f \omega C_x$$

➡ $C_x$ 的容量越大，放大器的放大倍数越大。

由于 400Hz 正弦波信号源的频率和振幅均恒定，因此输出信号 $U_0$ 的大小即反映了被测电容 $C_x$ 的容量大小。数字电容表量程转换原理如下图所示：

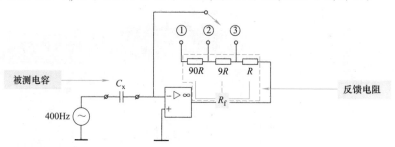

放大器的反馈电阻 $R_f$ 包括 3 个电阻。

| 当放大器反相输入端接③端时 | ➡ | 当放大器反相输入端接③端时，$R_f=R$。 |
|---|---|---|
| 当放大器反相输入端接①端时 | ➡ | 当放大器反相输入端接①端时，$R_f=R+9R+90R=100R$，量程扩大 100 倍。 |
| 当放大器反相输入端接②端时 | ➡ | 当放大器反相输入端接②端时，$R_f=R+9R=10R$，根据 $A=R_f\omega C_x$，反馈电阻 $R_f$ 越大，放大器的放大倍数越大，$R_f$ 扩大 10 倍，量程即扩大 10 倍。 |

如前所知，反馈电阻 $R_f$ 的变化倍率为 10 的整数倍，因此只需相应移动液晶屏中显示数字的小数点位置，即可直观地显示出被测电容的容量。反馈电阻 $R_f$ 的改变和小数点位置的移动由量程转换开关根据量程同步控制。

## 2.1.3 特型电路的工作原理

特型电路是指在数字式万用表中部分表具备的工作电路，如保护电路、自动关机电路等。电路虽小，但功能强大。

### 自动关机电路

当仪表停止使用的时间超过15min时，它能自动切断电源，使仪表进入"休眠"状态，整机静态工作电流降至7μA左右，功率约为60mW。

重新开启电源时，只需按动两次电源按钮开关，即可恢复正常测量。

数字式万用表的自动关机电路如下图所示：

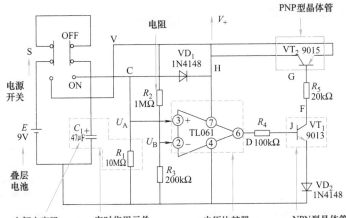

电路由9V叠层电池、电源开关S、电解电容器$C_1$、电压比较器（单运算放大器TL061，简称运放）、NPN型晶体管$VT_1$、PNP型晶体管$VT_2$和电阻$R_1$等组成。

**定时作用元件** ➡ $R_1$和$C_1$在电路中起到定时作用，运放TL061接成电压比较器，$VT_1$为推动管，$VT_2$起开关作用。

**当S拨至"OFF"（关）位置时**

**1** 当S拨至"OFF"（关）位置时 **2** 数字式万用表内部的9V叠层电池向$C_1$充电，使$U_{C1}=E$

**当S拨至"ON"（通）位置时**

**1** 当S拨至"ON"（通）位置时 **2** $C_1$的正极经过C点接TL061的第③脚

**3** 电池的正极则经过V点加至$VT_2$的发射极上，TL061的第③脚与第②脚的端电压分别为$U_A$和$U_B$ **4** 初始状态下，$U_A=E=9V$，$U_B=ER_3/(R_2+R_3)=9V×200kΩ/(1MΩ+200kΩ)=1.5V$。

由于 $U_A > U_B$，因此 TL061 输出为高电平，使得 $VT_1$、$VT_2$ 均导通。

| | |
|---|---|
| **1** $VT_2$ 导通之后就将 A-D 转换器等芯片的电源 $V_+$ 接通 | **2** 随着 $C_1$ 不断向 $R_1$（10MΩ）放电，到使 $U_A$ 逐渐降低 |
| **3** 当 $U_A < 1.5V$ 时，比较器翻转，输出呈低电平 | **4** 强迫 $VT_1$、$VT_2$ 截止，$V_+$ 的线路被切断，仪表即停止工作 |

设自动关机电路的供电时间为 $t$，有公式：

$$U_{C1}(t) = E\exp\left(-\frac{t}{RC}\right)$$

即

$$t = R_1 C_1 \ln\frac{E}{U_{C1}(t)}$$

将 $R_1 = 10\text{M}\Omega$，$E = 9\text{V}$，$U_{C1}(t) = U_B = 1.5\text{V}$ 一并代入上式中得到 $t = 17.92 \times 10^6 C_1$

若 $C_1$ 的单位取 μF，则 $t = 17.92 C_1 \approx 18 C_1$

当 $C_1 = 47\text{μF}$ 时，由上式计算出供电时间 $t = 842\text{s} \approx 14\text{min}$。供电时间 $t$ 与 $C_1$ 电容量的对应关系见下表：

| $C/\text{μF}$ | 供电时间 $t$ | 备注 |
|---|---|---|
| 4.7 | 84.2s ≈ 1.4min | |
| 10 | 179s ≈ 3min | |
| 22 | 394s ≈ 6.6min | $R = 10\text{M}\Omega$ |
| 33 | 591s ≈ 10min | $E = 9\text{V}$ |
| 47 | 842s ≈ 14min | $U(t) = V = 1.5\text{V}$ |
| 68 | 1219s ≈ 20min | |
| 100 | 1799s ≈ 30min | |

需要指出，自动关机之后仪表的电流甚微，因为电池的负载只有 $R_2$ 和 $R_3$，所以泄漏电流 $I_0$ 由下式确定：

$$I_0 = \frac{E}{R_2 + R_3}$$

| | | |
|---|---|---|
| **1** 典型情况下 $E = 9\text{V}$，根据 $R_2 = 1\text{M}\Omega$，$R_3 = 200\text{k}\Omega$ | **2** 很容易计算出 $I_0 = 7.5\text{μA}$ | **3** 在临近自动关机时，液晶屏上的读数会出现闪烁并迅速消失 |
| **4** 若数字式万用表具有低电压指示功能，应首先出现低电压指示符（"LOW BATT" 等标记），然后读数才开始闪烁 | **5** 此现象可作为自动关机动作的预警信号，提醒操作人员注意 | |

上述闪烁现象是由于 $V_+$ 已降到 ICL7106（或 ICL7129）的临界电压（约为 6V），芯片处于间断工作状态所致。这段时间很短，一般为几秒钟。

## 保护电路

数字式万用表具有比较完善的保护功能，过载能力比较强。接下来以常用的保护电路为例介绍其工作原理。

保护电路接在分流器之前，电流档的保护电路如下图所示：

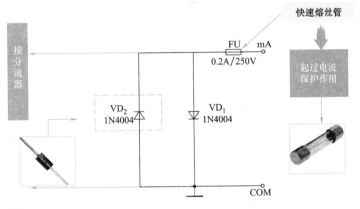

快速熔丝管

起过电流保护作用

保护器件 ➡ 保护元器件包括 FU、VD$_1$ 和 VD$_2$。其中，FU 是快速熔丝管，起过电流保护作用。

200mA 以下的电流档，应选 0.2A/250V 熔丝管

2A 档应选 2A/250V 熔丝管

10A 或 20A 档一般不加保护。普通熔丝管的熔断时间较长，不如快速熔丝管反应速度快

二极管 VD$_1$ 和 VD$_2$ 可选用 1N4004（1A/400V）塑料封装硅整流二极管。

VD$_1$、VD$_2$ 反极性并联后组成双向限幅过压保护电路。

一旦误用电流档去测电压，可将仪表输入电压限制在 0.7V 之内。

电压档的保护电路

数字式万用表的 DCV、ACV 档通常采用火花放电器或压敏电阻器作过电压保护。

火花放电器 ➡ 火花放电器也称火花间隙器，英文符号为 SG（Spark Gap），典型产品有 AG20，其击穿电压为 1200V。火花放电器的实物及电路符号如下图所示：

火花放电器实物

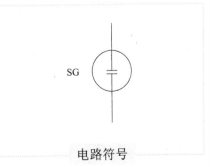

电路符号

**1** 火花放电器具有两个相互绝缘的电极，当冲击电压超过其击穿电压时

**2** 在两极之间迅速发生火花放电，之后能自行恢复至绝缘状态，由火花放电器构成的电压档保护电路如下图所示

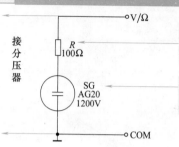

接分压器

R 100Ω

SG AG20 1200V

V/Ω

COM

R 为 SG 的限流电阻。该保护电路需接在精密电阻分压器的前面

SG 为火花放电器，从输入端引入的浪涌电压可经过它进行放电，实现过电压保护

压敏电阻器 ➡ 压敏电阻器是电压灵敏电阻器 VSR（Voltage - Sensitive Resistor）的简称，属于一种新型过电压保护元件。它的电阻值可随端电压的不同而变化。

实物图

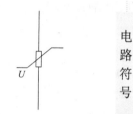

电路符号

| 压敏电阻器的工作电压范围很宽（6～3000V，有多种规格） | 对过电压脉冲响应快（响应时间仅为几至几十纳秒） | 耐冲击电流能力强，通流量（通流量表示在规定时间 8/20μs 之内，允许通过脉冲电流的最大值，其中，脉冲电流从 90%$U_p$ 到 $U_p$ 的时间为 8μs，峰值持续时间为 20μs）指标可达 100A～20kA，漏电流小（为几至几十微安），工作稳定可靠 |
| --- | --- | --- |

压敏电阻器的电阻温度系数小于 0.05%/℃，其伏安特性如下图所示：

$I$

$U'_{1mA}$

$O$

$U_{1mA}$

$U$

元件本身没有极性，因此它可作为小电流（小于 1mA）的双向限幅器或稳压管。

压敏电阻器的伏安特性具有对称性

压敏电阻器的伏安特性具有对称性，在正、反向伏安特性中都能起到稳压作用。

图中的 $U_{1mA}$、$U'_{1mA}$ ➡ 表示通过 1mA、-1mA 直流电流时元件的耐压值。

常见压敏电阻器的标称电压有6V、18V、22V、24V、27V、33V、39V、47V、56V、82V、100V、120V、150V、200V、216V、240V、250V、273V、283V、360V、470V、850V、900V、1100V、1500V、1800V和3000V等规格。

用压敏电阻器构成的电压档过电压保护电路如下图所示：

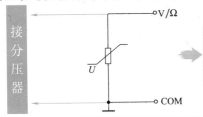

直接并在分压器前面，不需要加限流电阻。压敏电阻器的标称电压值应根据实际电路需要来确定

## 电阻档的保护电路

数字式万用表的电阻档通常采用正温度系数的热敏电阻器作为保护元件，并与晶体管过电压保护器配套使用，构成过电压、限电流保护电路。常见PTC元件的实物及电路符号如下图所示：

实物图

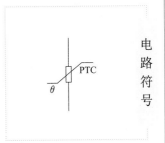

电路符号

正温度系数热敏电阻简称 PTC（Positive Temperature Coefficient），它的特点是在工作温度范围之内具有正的电阻温度系数。

常见PTC元件的电阻率 - 温度特性如下图所示：

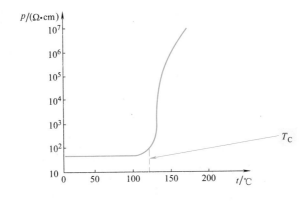

| 1 | PTC 在室温下的电阻率为 $10 \sim 10^3 \, \Omega \cdot cm$ | 2 | 当温度低于温度 $T_C$（一般为 $120 \sim 165℃$）时 | 3 | PTC 略呈负阻特性，但电阻值基本不变 |
|---|---|---|---|---|---|
| 4 | 当温度达到并超过 $T_C$ 时 | 5 | 电阻率发生突变，可急剧增大 $3 \sim 4$ 个数量级，达到 $10^6 \sim 10^7 \, \Omega \cdot cm$ | 6 | 此时呈现高达 $+（10 \sim 60）\%/℃$ 的正温度系数。这种 PTC 具有开关特性 |

六量程电阻档的保护电路如下图所示：

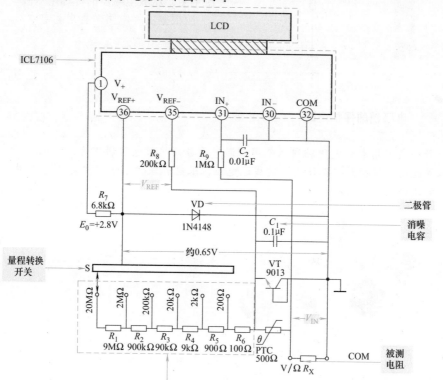

这六个电阻量程依次为 $200\Omega$、$2k\Omega$、$20k\Omega$、$200k\Omega$、$2M\Omega$ 和 $20M\Omega$。

| $C_1$ 是消噪电容 | ➡ | 用以消除 VT 在反向击穿时产生的噪声电压。 | $R_8$、$R_9$ 为限流电阻 | ➡ | $R_8$、$R_9$ 分别为 $V_{REF-}$、$IN_+$ 端的限流电阻。 |
|---|---|---|---|---|---|

测试电压 ➡ $2.8V$ 基准电压源 $E_0$ 经过 $R_7$、VD 分压后，利用硅二极管 VD 的正向导通压降 $U_F \approx 0.65V$ 作为测试电压（即电阻档的开路电压）。

电路中电阻 ➡ $R_1 \sim R_6$ 为标准电阻，$R_X$ 是被测电阻。　　S ➡ S 为量程转换开关（图中置于 $20M\Omega$ 档）

保护电路 ➡ 保护电路由正温度系数热敏电阻 PTC（$500\Omega$）、晶体管 VT 以及 $C_1$、$R_8$、$R_9$ 构成。采用比例法测电阻时，由于 PTC 与 $R_1 \sim R_6$、$R_X$ 相串联，因此并不影响输入电压 $V_{IN}$ 与基准电压 $V_{REF}$ 的电压比，也就不会影响测量值。

高频滤波器 ➡ $R_9$ 和 $C_2$ 还组成高频滤波器，滤除输入端引入的高频干扰。

| 1 | 现将 VT（5E9013）的集电结短接，利用其发射结反向击穿电压来代替稳压管作过电压保护 | 2 | 一旦误用电阻档去测量市电 | 3 | 220V 交流电压便经过 PTC → VT → COM |
|---|---|---|---|---|---|
| 4 | 把 VT 的发射结反向击穿 | 5 | 电压在 6V 左右，可保护 ICL7106 型单片 A-D 转换器不受损坏 | 6 | PTC 阻值急剧增大，限制 VT 的反向击穿电流，使之不超过允许范围 |

需要指出，上述击穿属于软击穿，一旦撤去 220V 输入电压，VT 又恢复正常状态。

 **二极管档的保护电路**

由 $VD_1$、$VD_2$ 和 $R_1$ 组成，VD 为被测二极管。二极管档的保护电路如下图所示：

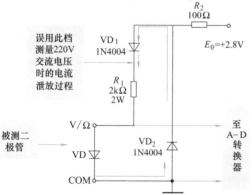

使用中，如果误用此档测量 220V 交流电压。

| 1 | 在正半周时 $VD_1$、$VD_2$ 均截止 |
|---|---|
| 2 | 电路不通 |
| 3 | 负半周时 $VD_1$ 与 $VD_2$ 导通 |
| 4 | 电流途经：COM → $VD_2$ → $VD_1$ → $R_1$ 泄放 |
| 5 | 使仪表免受损坏 |

$VD_1$ 和 $VD_2$ 应选 1N4004 型硅整流管。$R_1$ 起限流作用，需采用 2kΩ/2W 的氧化膜电阻。

 **电容档的保护电路**

使用数字式万用表电容档时，如果误测带电的电容器，很容易将仪表损坏。对于采用容抗法的电容档，通常在电容输入插座（CAP）两侧各增加一套双向限幅过电压保护电路，如下图所示：

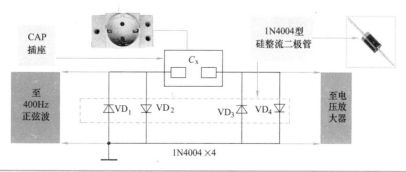

VD$_1$ ～ VD$_4$ 采用 4 只 1N4004 型硅整流二极管，它们可为带电的电容器提供放电回路，对文氏桥振荡器、缓冲器及电压放大器起到保护作用。

 **频率档的保护电路**

频率档的保护电路如下图所示：

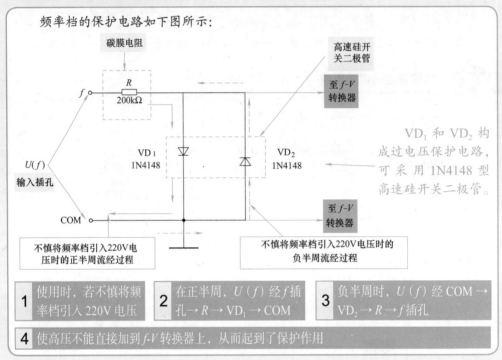

碳膜电阻

高速硅开关二极管

$R$
200kΩ

至 $f$-$V$
转换器

$f$

$U(f)$
输入插孔

VD$_1$
1N4148

VD$_2$
1N4148

VD$_1$ 和 VD$_2$ 构成过电压保护电路，可采用 1N4148 型高速硅开关二极管。

COM

至 $f$-$V$
转换器

不慎将频率档引入220V电压时的正半周流经过程

不慎将频率档引入220V电压时的负半周流经过程

1 使用时，若不慎将频率档引入 220V 电压

2 在正半周，$U(f)$ 经 $f$ 插孔 → $R$ → VD$_1$ → COM

3 负半周时，$U(f)$ 经 COM → VD$_2$ → $R$ → $f$ 插孔

4 使高压不能直接加到 $f$-$V$ 转换器上，从而起到了保护作用

## 2.2 数字式万用表的基础测量

 第 2 章

 **2.2.1 电压的测量**

 **直流电压的测量**

测量直流电压时，红表笔插入 "V/Ω" 插孔，黑表笔插入 "COM" 插孔，转动量程转换开关至所需的直流电压档，数字式万用表构成直流电压表，直接并接于被测电压两端即可进行测量。

　　例如需测量某电池 GB 的电压，将红表笔接电池正极、黑表笔接电池负极，LCD 即显示出被测电池的电压，如下图所示：

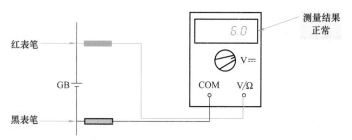

　　因为数字式万用表具有自动显示正、负极性的功能，所以实际测量过程中即使红、黑表笔接反也能正确显示测量结果，如下图所示：

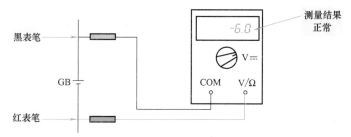

　　如上图所示，测量结果显示为 -6V，表示红表笔接在了被测电池的负端、黑表笔接在了被测电池的正端，被测电池 GB 的电压为 6V。

　　这是指针式万用表所无法比拟的一个优点，特别是在被测电压极性不清楚的情况下，这给测量工作提供了很大的方便。

 **交流电压的测量**

　　测量交流电压时，红表笔插入"V/Ω"插孔，黑表笔插入"COM"插孔，转动量程转换开关至所需的交流电压档，数字式万用表构成交流电压表，直接并接于被测电压两端即可进行测量。

　　测量 220V 电压方法如下图所示：

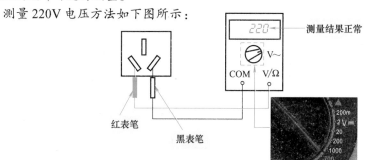

　　量程转换开关置于交流 700V 档，两表笔不分正、负分别插入市电电源插座的两个插孔，LCD 即显示出被测市电的电压为 220V。

## 2.2.2 电流的测量

### 直流电流的测量

测量直流电流时，红表笔插入"mA"插孔或"10A"插孔，黑表笔插入"COM"插孔，转动量程转换开关至所需的直流电流档，数字式万用表构成直流电流表，串入被测电流回路即可进行测量。

| 测量200mA以下直流电流时，红表笔应插入"mA"插孔 | 测量200mA及以上直流电流时，红表笔应插入"10A"插孔 |
|---|---|

例如当测量某直流继电器K的工作电流时，首先断开继电器K的电流回路，如下图所示：

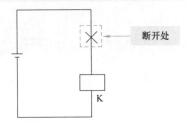

然后将红表笔接电池正极、黑表笔接继电器，LCD即显示出被测继电器K的工作电流，如下图所示：

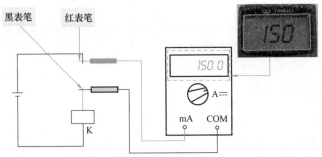

在测量直流电流的过程中，如果显示测量结果为"-150mA"，这表示红、黑表笔接反，被测电流由黑表笔流向红表笔，如下图所示：

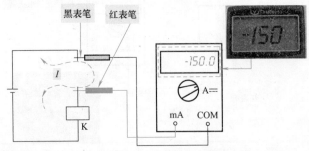

数字式万用表使得测量直流电流时可以不必考虑其电流方向，这在电流方向不明确的情况下特别方便，测量电流大小的同时也测出了电流的方向。

**测量交流电流**

　　测量交流电流与测量直流电流相似，转动量程转换开关至所需的交流电流档，数字式万用表构成交流电流表，串入被测电流回路即可进行测量。

　　　　测量200mA以下交流电流　｜　　　　测量200mA及以上交流电流
　　　时，红表笔应插入"mA"插孔　｜　　　时，红表笔应插入"10A"插孔

　　例如在测量40W照明白炽灯的工作电流时，如下图所示：

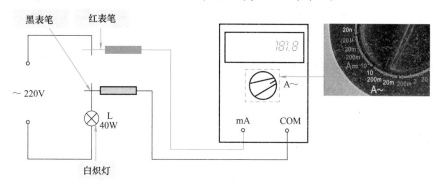

　　将数字式万用表置于交流200mA档，串入照明白炽灯的电流回路（两表笔不分正、负）中，LCD即显示出被测照明灯泡的工作电流。

## 2.2.3　电阻的测量

　　测量电阻时，红表笔插入"V/Ω"插孔，黑表笔插入"COM"插孔，转动量程转换开关至适当的电阻档，数字式万用表即构成电阻表。数字式万用表测量电阻前不用校零，这一点比指针式万用表方便。

　　测量电阻如下图所示：

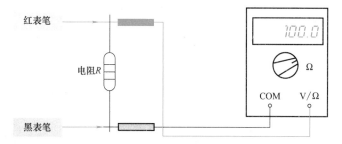

　　测量电阻时两表笔不分正、负，分别接触被测电阻R的两端，LCD即显示出被测电阻的阻值。测量大电阻时，LCD的读数需要几秒钟后才能稳定，这是正常现象。

1 量程转换开关电阻档的量程可根据被测电阻的估计值选择

2 如果显示屏仅在最高位显示 1，表示所选量程小于被测电阻阻值

3 应选择更高量程进行测量

## 2.2.4 电容、二极管和晶体管的测量

 **测量电容**

电容的测量比较简单，不需要插入表笔，转动量程转换开关至适当的电容档，数字式万用表即构成电容表，如右图所示：

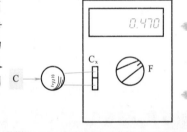

将被测电容器 C 插入数字式万用表左侧的"$C_x$"插孔即可测量

不必考虑电容器的极性，但事先应给电容器放电

1 量程转换开关的电容档量程可根据被测电容的估计值选择

2 如果显示屏仅在最高位显示 1

3 表示所选量程小于被测电容的容量，应选择更高量程进行测量

 **二极管的测量**

测量二极管时，红表笔插入"V/Ω"插孔，黑表笔插入"COM"插孔，转动量程转换开关至"·))) ▷|◁"档，如下图所示：

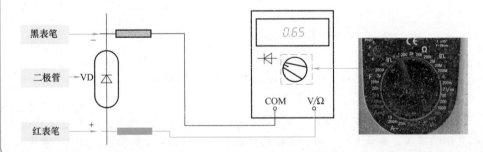

将红表笔接被测二极管正极、黑表笔接被测二极管负极，即可测量二极管的正向压降。

在此档位还可进行通断测试，将两表笔连接到被测线路的两点，如数字式万用表内的蜂鸣器响起，则表示两表笔所接触的两点间导通或阻值低于90Ω。

一般硅二极管的正向压降为 0.65V 左右，锗二极管的正向压降为 0.3V 左右。

### 测量晶体管

测量晶体管直流放大倍数时，不用接表笔，转动量程转换开关至"$h_{FE}$"档，将被测晶体管插入数字式万用表控制面板右上角的 $h_{FE}$ 插孔即可测量，如下图所示：

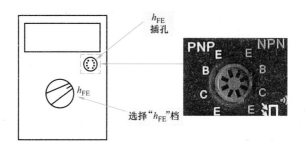

$h_{FE}$ 插孔左半边标注为 PNP，供测量 PNP 型晶体管用；$h_{FE}$ 插孔右半边标注为 NPN，供测量 NPN 型晶体管用。

例如测量 S9014 型晶体管，因为 S9014 是 NPN 型晶体管，所以应插入右半边插孔中，LCD 即显示出被测晶体管的直流放大倍数，如下图所示：

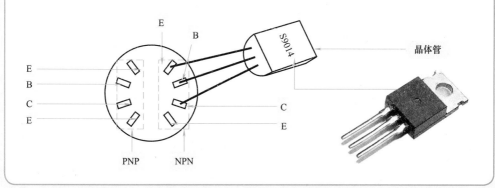

## 2.2.5　蜂鸣器电路及典型低压电器的测量

数字式万用表的蜂鸣器电路是专用于检测线路通断的。其优点是用该档测试电路的通断时，操作者不必观察显示值，只需注视被测线路和表笔，通过听蜂鸣器有无发声即可判定电路的通断。这不仅使操作简便易行，而且能大大缩短检测时间。

## $3\frac{1}{2}$ 位数字式万用表的蜂鸣器电路

$3\frac{1}{2}$ 位数字式万用表的蜂鸣器电路如下图所示：

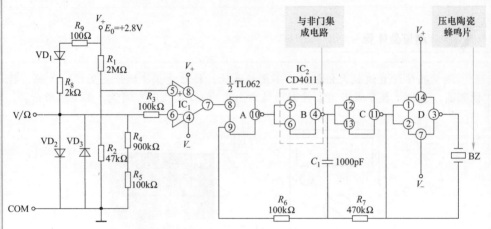

电路由集成块 $IC_1$ $\left(\frac{1}{2} TL062\right)$、$IC_2$（CD4011）和压电陶瓷蜂鸣片 BZ 组成。

与非门集成电路 ➡ CD4011 为与非门集成电路，它属于低功耗 CMOS 电路，可用仪表内的 9V 叠层电池为其供电（接 $V_+$、$V_-$ 端）。

双运放电路 ➡ TL062 是双运放电路，这里只用其中一个运放，故称之为 $\frac{1}{2}$ TL062。

CD4011 的 4 个与非门除了与非门 A 作为控制门外，其余与非门 B、C、D 均接成反相器，从而组成门控三级反相式阻容振荡器。

只有当与非门 A 的 ⑧ 脚输入为高电平时，振荡器才起振，并驱动 BZ 发声。

在常态情况下，与非门 A 的 ⑧ 脚输入为低电平，振荡器停振，BZ 不发声。

振荡频率可用下式近似计算：

$$f = \frac{0.455}{R_7 C_1} = \frac{0.455}{470 \times 10^3 \times 1000 \times 10^{-12}} \ Hz = 968Hz$$

| 1 | 根据电路元件参数不难算出 | 2 | 运放 $IC_1$ 的同相输入端（⑤脚） | 3 | 从 $R_1$、$R_2$ 分压器获得参考电压 $U_2$=0.066V | 4 | 在常态情况下，$IC_1$ 的反相输入端（⑥脚） |
|---|---|---|---|---|---|---|---|
| 5 | 电压约为0.7V（$VD_2$ 的正向压降） | 6 | $IC_1$ 的常态输出是低电平，从而使振荡器停振 | 7 | 在 "V/Ω" 插孔与 "COM" 插孔间接上被测电阻 $R_X$，只有当 $R_X$ 阻值足够小 | | |
| 8 | 使其上的电压降小于 0.066V 时 | 9 | $IC_1$ 才会发生翻转，输出为高电平 | | | | |

作为近似计算，可知流过 $R_X$ 的电流 $I_{RX}$ 不会大于下述值，即

$$I_{RX} < (E_0 - U_{D1}) / (R_8 + R_9)$$

当 $R_X$ 上的电压降 $U_{RX}$ 小于 0.066V 时，即

$$U_{RX} > U = IR = \frac{E_0 - U_{D1}}{R_8 + R_9} R_X$$

亦即

$$R_X < \frac{R_8 + R_9}{E_0 - U_{D1}} U_5 = \frac{2000 + 100}{2.8 - 0.7} \times 0.066\Omega = 66\Omega$$

一般要求当 $R_X < 60\Omega$ 时，运放 $IC_1$ 将发生翻转，从而振荡器起振，压电陶瓷蜂鸣片发声。

 ## $4\frac{1}{2}$ 位数字式万用表的蜂鸣器电路

$4\frac{1}{2}$ 位数字式万用表大多采用 ICL7129 型 A-D 转换器。这类仪表的蜂鸣器电路如下图所示：

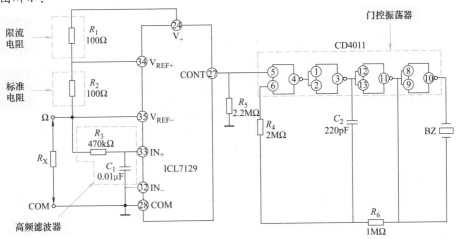

由于该电路充分利用了 ICL7129 连续端 CONT 输出的电平来控制门控振荡器 CD4011，因而省去了电压比较器，简化了电路。但在使用该档时必须将数字式万用表置于 $200\Omega$ 档才行。其工作原理如下：

| | | | |
|---|---|---|---|
| **1** 当 $R_X < 200\Omega$，即 $U_{IN} < 200$mV 时 | | **2** CONT 端输出高电平 | |
| **3** 接至 CD4011 的第①脚 | **4** 令电路起振，BZ 发声 | **5** 表明蜂鸣器的发声阈值为 $200\Omega$ | **6** 当 $R_X > 200\Omega$ 时 |
| **7** CONT 端输出低电平，蜂鸣器不发声 | **8** 假若测量电压或电流，量程转换开关就把 CONT 端与 CD4011 断开 | **9** 此时 CD4011 ⑤脚经电阻 $R_5$ 接地，故电路不会起振 | |

电路中的 $R_1$ 为限流电阻，$R_2$ 为 $200\Omega$ 电阻档的标准电阻，$R_3$ 和 $C_1$ 组成模拟输入端的高频滤波器，用来滤除外部干扰。

**开关的检测**

开关是一种应用广泛的控制器件，在配电电路和照明、家电、生产设备等电路中起着接通、切断、转换等控制作用。

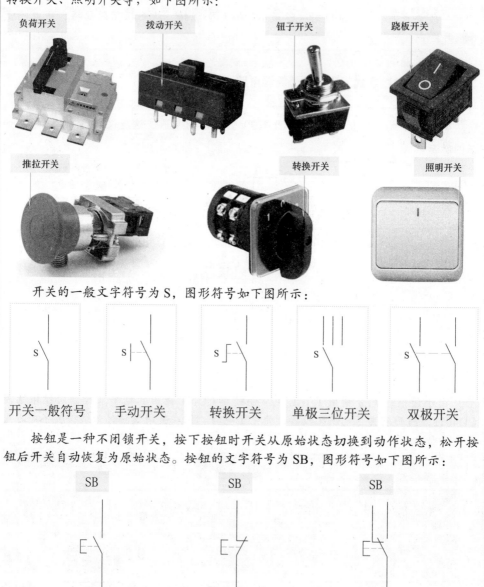

开关的种类繁多，包括负荷开关、拨动开关、钮子开关、跷板开关、推拉开关、转换开关、照明开关等，如下图所示：

负荷开关　　拨动开关　　钮子开关　　跷板开关

推拉开关　　　　　　　转换开关　　　照明开关

开关的一般文字符号为 S，图形符号如下图所示：

开关一般符号　　手动开关　　转换开关　　单极三位开关　　双极开关

按钮是一种不闭锁开关，按下按钮时开关从原始状态切换到动作状态，松开按钮后开关自动恢复为原始状态。按钮的文字符号为 SB，图形符号如下图所示：

SB　　　　　SB　　　　　SB

常开　　　　常闭　　　　转换

按照触点形式不同，按钮可分为常开按钮（平时不通，按下时接通）、常闭按钮（平时接通，按下时断开）、转换按钮（平时A与B通，按下时转换为C与B通）3类，如下图所示：

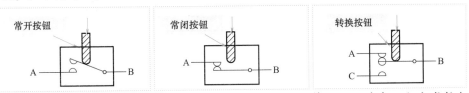

按钮主要应用在门铃、接触器、继电器的触发控制等方面，其中双断点式按钮可用于控制较大电流的场合。

**检测拨动开关**

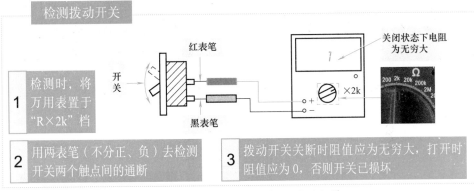

**1** 检测时，将万用表置于"R×2k"档

**2** 用两表笔（不分正、负）去检测开关两个触点间的通断

**3** 拨动开关关断时阻值应为无穷大，打开时阻值应为0，否则开关已损坏

对于多极或多位开关，应分别检测各对触点间的通断情况。

**检测转换开关**

**1** 对于旋转操作的转换开关，应根据其触点特性进行检测

**2** 检测时，将万用表置于"R×2k"档

**3** 如果旋钮在某位置时触点不通，电阻值为无穷大，如右图所示

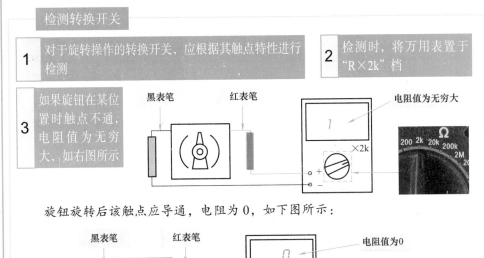

旋钮旋转后该触点应导通，电阻为0，如下图所示：

检测按钮通断

| 1 | 将万用表置于"R×2k"档 | 2 | 用两表笔（不分正、负）去检测按钮每一对触点的通断 | 3 | 按钮未按下时，其常开触点应断开，电阻为无穷大，如下图所示 |

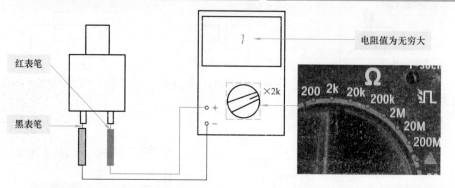

当按下按钮时，其常开触点应接通，电阻为零，如下图所示：

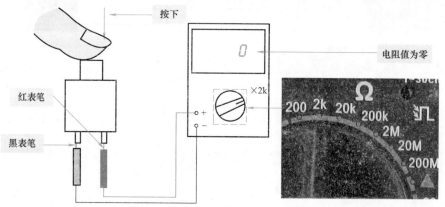

对于常闭按钮，未按下时应接通，电阻为零；按下按钮时应断开，电阻为无穷大。对于转换触点，应分别检测其在按钮按下和未按下两种状态下触点的通断情况，如下图所示：

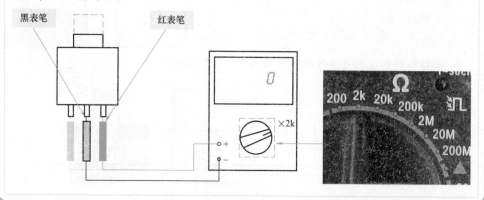

检测绝缘性能

| 1 | 将万用表置于 "R×2k" 或 "R×20k" 档 |
| 2 | 各触点与金属外壳之间的绝缘电阻, 均应为无穷大 |
| 3 | 否则说明该开关绝缘性能不良, 不能使用, 如下图所示 |

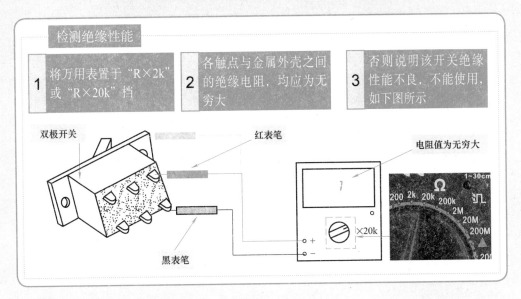

双极开关　　红表笔　　电阻值为无穷大

黑表笔

 **熔丝和熔断器**

熔丝和熔断器是利用其过电流熔断的特性对用电设备和电路进行过载或短路保护的器件。

常用熔丝和熔断器主要有玻璃管熔丝、陶瓷管密封熔丝、瓷插式熔断器、螺旋式熔断器、热熔断器、可恢复熔丝和熔断电阻等, 它们应用在各种不同的场合, 如下图所示:

玻璃管熔丝

瓷插式熔断器

螺旋式熔断器

热熔断器

熔丝座

熔丝和熔断器的文字符号为FU, 图形符号如右图所示:

FU

熔丝、熔断器和熔断电阻的好坏可用万用表的电阻档进行检测。

**1** 将万用表置于"R×200"或"R×2k"档

**2** 两表笔（不分正、负）分别与被测熔丝管的两端金属帽相接

**3** 阻值应为零，如下图所示

熔丝管　　　红表笔　　　　　　　电阻为零

黑表笔

熔丝已熔断 ➡ 如果阻值为无穷大（万用表读数仅最高位显示1），说明该熔丝管已熔断。

熔丝性能
不良 ➡ 如果有较大阻值或较小阻值，说明该熔丝管性能不良。

检测熔断器

**1** 检测时，将万用表置于"R×2k"档

**2** 用两表笔（不分正、负）去检测熔断器的各个连接接点是否接触良好、两端接点间是否有短路现象等，见下图所示

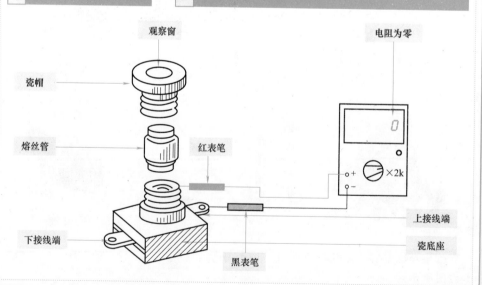

观察窗　　　　　　　　　　　　电阻为零

瓷帽

熔丝管　　　红表笔

上接线端

下接线端　　　　　　　　　　瓷底座

黑表笔

## 检测熔断指示电路

有些熔断器具有熔断指示电路，由氖泡和降压电阻组成。

**1** 检测时，将万用表置于 "R×2k" 或 "R×20k" 档

**2** 分别检测降压电阻 $R$ 和氖泡

**3** 降压电阻 $R$ 的阻值应为 $100 \sim 200k\Omega$，如下图所示

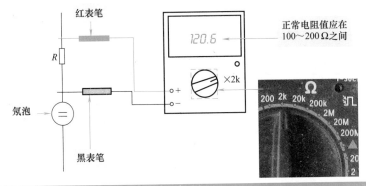

正常电阻值应在 $100 \sim 200\Omega$ 之间

**4** 氖泡的阻值应为无穷大（万用表读数仅在最高位显示 1），如下图所示

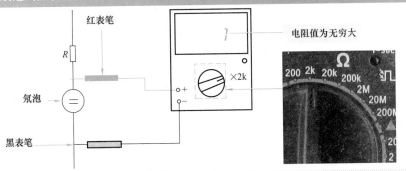

电阻值为无穷大

## 检测熔断电阻

熔断电阻的阻值一般较小，其主要功能还是保险。

**1** 检测时，根据熔断电阻的阻值将万用表置于适当档位

**2** 两表笔（不分正、负）分别与被测熔断电阻的两个引脚相接，阻值应等于该熔断电阻的标称阻值，如下图所示

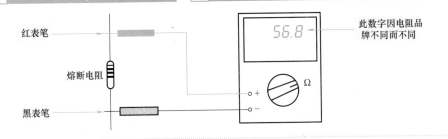

此数字因电阻品牌不同而不同

| 熔断电阻<br>已熔断 | ➡ | 如果阻值为无穷大（万用表读数仅在最高位显示1），说明该熔断电阻已熔断。 |
|---|---|---|
| 熔断电阻<br>性能不良 | ➡ | 如果阻值与标称阻值出入过大或为较小阻值，说明该熔断电阻性能不良。 |

## 检测热熔断器

| 1 | 热熔断器在正常情况下的电阻值为0 | 2 | 检测时，将万用表置于"R×200"或"R×2k"档 | 3 | 两表笔分别与热熔断器的两个引脚相接，其阻值应为0 |

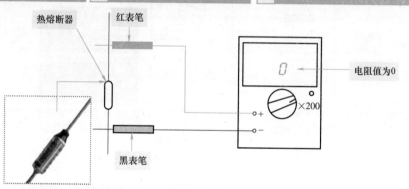

热熔断器 　红表笔　电阻值为0　×200　黑表笔

| 热熔断器已熔断 | ➡ | 如果阻值为无穷大（万用表读数仅最高位显示1），说明该热熔断器已熔断。 |

## 检测可恢复熔丝

| 1 | 将万用表置于"R×200"或"R×2K"档 | 2 | 两表笔（不分正、负）分别与可恢复熔丝的两个引脚相接 | 3 | 其阻值应接近为0，如下图所示 |

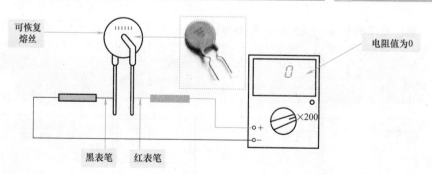

可恢复熔丝　电阻值为0　×200　黑表笔　红表笔

| 可恢复熔丝<br>已损坏 | ➡ | 如果阻值为无穷大、有较大阻值或较小阻值，说明该可恢复熔丝已损坏。 |

 **检测继电器**

继电器通常是由一个控制线圈和一组触点组成，可以用流过控制线圈的小电流控制触点的分 / 合，从而控制大电流 / 高电压电路的分 / 合。继电器可实现用较小的电流来控制较大的电流，用低电压来控制高电压，用直流电来控制交流电等，并且可实现控制电路与被控电路之间的完全隔离，在电路控制、保护电路、自动控制和远距离控制等方面得到广泛的应用。

继电器的种类有很多，包括电磁式继电器、干簧式继电器、湿簧式继电器、压电式继电器、固态继电器、磁保持继电器、步进继电器、时间继电器、温度继电器等，如下图所示：

电磁式继电器　　　　　干簧式继电器　　　　　湿簧式继电器

固态继电器　　　　　磁保持继电器　　　　　时间继电器

温度继电器　　　　　相序继电器　　　　　温度继电器

继电器的文字符号为 K，图形符号如下图所示：

线圈　　　　　　　　　　　　　　　　　　　　　　　触点

继电器的触点形式分为常开触点（动合触点，简称 H 触点）、常闭触点（动断触点，简称 D 触点）、转换触点（简称 Z 触点）3 种，如下图所示：

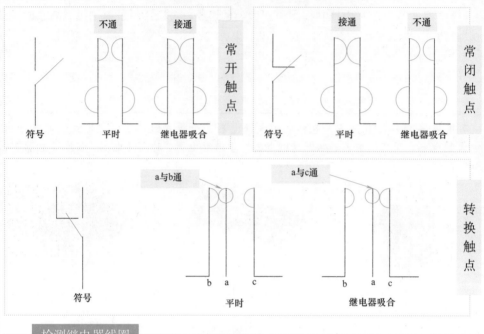

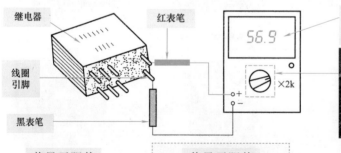

检测继电器线圈

**1** 选择置于"R×200"或"R×2k"档

**2** 两表笔（不分正、负）接继电器线圈的两个引脚

**3** 万用表读数显示应与该继电器的线圈电阻基本相符，如下图所示

此数值根据标称数值进行对比

 若显示阻值明显偏小

 若显示阻值为0

 若显示阻值为无穷大

如果万用表读数显示明显偏小，说明继电器线圈局部短路。

如果万用表读数为0，说明继电器线圈两个引脚间短路

如果万用表读数仅最高位显示1，说明继电器线圈已断路。

上述 3 种情况均说明该继电器已损坏。

## 检测继电器触点

### 未加上工作电压时

当未给继电器线圈加上工作电压时，常开触点应不通，常闭触点应导通。

### 加上工作电压时

当加上工作电压时，应能听到继电器的吸合声，这时，常开触点应导通，常闭触点应不通，转换触点应随之转换，否则说明该继电器已损坏

给继电器线圈接上规定的工作电压，用万用表"R×2k"档检测触点的通断情况，如右图所示：

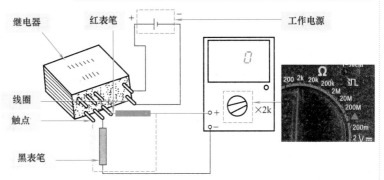

对于多组触点继电器，如果部分触点损坏，其余触点动作正常则仍可使用。

## 检测固态继电器

固态继电器（SSR），是一种新型电子继电器，它采用电子电路实现继电器的功能，依靠光耦合器实现控制电路与被控电路之间的隔离。固态继电器可分为直流式和交流式两大类。

**直流式**  ➡ 其特点是驱动电路输出端有正、负极之分，适用于直流电路的控制。

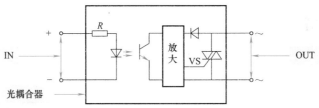

**交流式**  ➡ 其特点是驱动电路输出端无正、负极之分，主要适用于交流电路的控制。

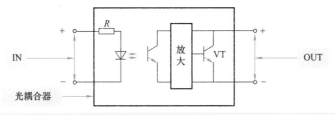

先用万用表测量固态继电器的输入引脚：

| **1** 选择置于"R×2k"档 | **2** 用万用表测量固态继电器输入端两个引脚之间的正、反向电阻 | **3** 正向电阻应较小，反向电阻应较大，如下图所示 |

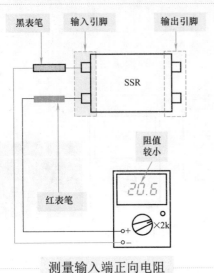

测量输入端正向电阻　　　　　测量输入端反向电阻

再用万用表测量固态继电器的输出引脚：

| **1** 选择置于"R×2k"档 | **2** 用万用表测量固态继电器输出端两个引脚之间的正、反向电阻 | **3** 均应为无穷大，如下图所示 |

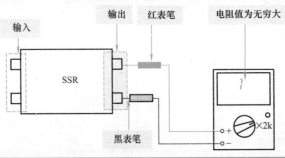

**4** 在上一步检测的基础上，给固态继电器输入端接入规定的工作电压

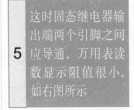

**5** 这时固态继电器输出端两个引脚之间应导通，万用表读数显示阻值很小，如右图所示

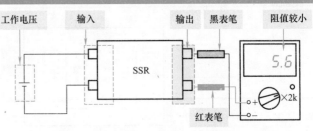

| 6 | 断开固态继电器输入端的工作电压后 | 7 | 其输出端两个引脚之间应截止，万用表读数仅最高位显示 1，如下图所示 |

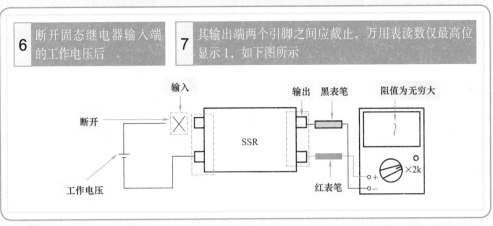

 **接插件的检测**

接插件是实现供电线路、电气设备、部件或组件之间可拆卸连接的连接器件。

接插件的种类很多，包括单芯插头插座、两芯插头插座、三芯插头插座、同轴插头插座、多极插头插座、电源插头插座、电话插座、电视插座、网络插座、继电器插座、集成电路插座、管座、接线柱、接线端子、连接片和连接器等，如下图所示：

接插件的一般文字符号为 X，其中，插头的文字符号为 XP，插座的文字符号为 XS，连接片的文字符号为 XB，它们的图形符号如下图所示：

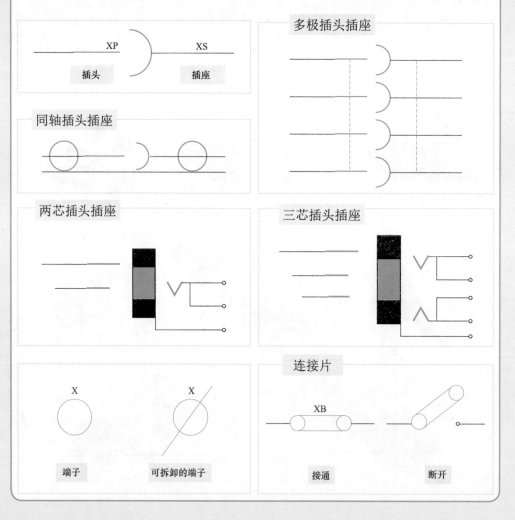

### 检测带转换开关功能的插座

以检测三芯转换插座为例，方法如下图所示：

**1** 将万用表置于"R×2k"或"R×20k"档。

**2** 两表笔（不分正、负。）分别接插座的 a、b 引出端

**3** 其阻值应为 0（a 端与 b 端接通）

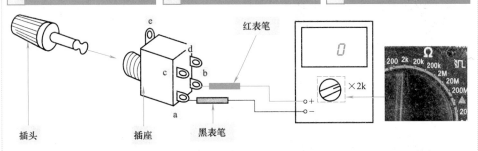

**4** 这时用一只未连线的空插头插入被测插座后

**5** 万用表读数仅最高位显示 1（a 端与 b 端断开）

**6** 再以同样方法检测插座的 c、d 端

### 检测其他接插件

其他接插件的检测比较简单，主要是检测插头和插座各引出端之间有无短路，如下图所示：

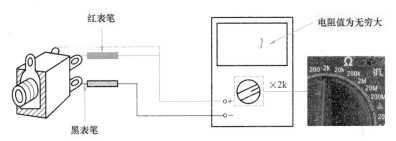

用万用表检测接插件各个引出端之间的阻值，均应为无穷大（万用表读数仅最高位显示 1），否则说明该接插件已损坏。

检测与电网分离的电源插座时如下图所示：

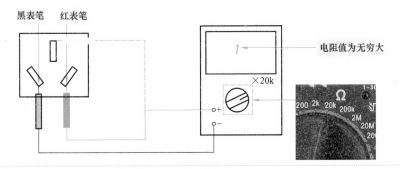

**自动断路器的检测**

自动断路器 ➡ 自动断路器俗称自动空气开关，是一种具有自动保护功能的开关器件。

自动断路器的种类较多，包括电磁脱扣式、热脱扣式、欠压脱扣式、漏电脱扣式以及复合脱扣式等，如下图所示：

室内配电箱上普遍使用的触电保护器也是一种自动断路器。自动断路器的文字符号为Q，图形符号如下图所示：

一般符号　　　　　　　双极断路器　　　　　　　三极断路器

自动断路器操作方便，工作稳定可靠，具有多种保护功能，并且保护动作后不需要像熔断器那样更换熔丝即可复位工作。三极自动断路器结构示意图如下图所示：

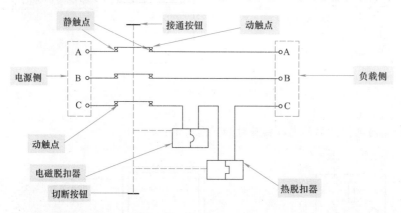

| 正常使用时 | 电路出现短路或过载时 |
|---|---|
| ⬇ | ⬇ |
| 在正常情况下，自动断路器可以作为开关使用 | 当电路出现短路或过载时，它能够自动迅速切断电路，起到有效的保护作用。 |

**检测主触点**

| 1 | 将万用表置于"R×2k"或"R×200k"档 | 2 | 两表笔不分正、负接自动断路器进、出线相对应的两个接线端,检测主触点的通断是否良好 |

| 3 | 当接通按钮被按下时 | 4 | 自动断路器进、出线相对应的两个接线端之间的阻值应为0,如下图所示 |

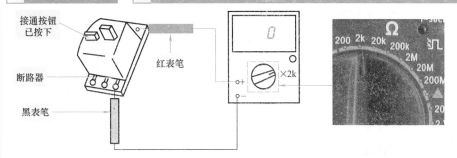

| 5 | 当切断按钮被按下时,自动断路器进、出线相对应的两个接线端之间的阻值应为无穷大 | 6 | 万用表读数仅最高位显示1,否则说明该自动断路器已损坏,如下图所示 |

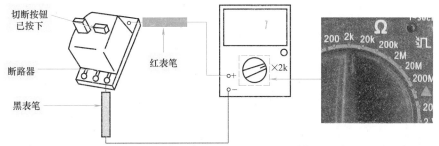

有些自动断路器除主触点外还有辅助触点,可用同样方法对辅助触点进行检测。

**检测绝缘性能**

| 1 | 仍用于"R×2k"或"R×200k"档 | 2 | 检测不相对应的任意两个接线端间的绝缘电阻(接通状态和切断状态分别测量) | 3 | 应为无穷大,万用表读数仅最高位显示1,如下图所示 |

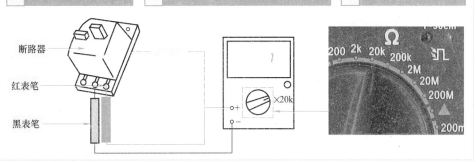

如果被测自动断路器是金属外壳或外壳上有金属部分，还应检测每个接线端与外壳之间的绝缘电阻，也均应为无穷大，否则说明该自动断路器绝缘性能太差，不能使用。

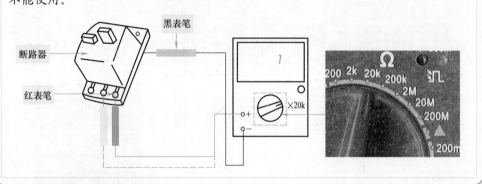

**互感器的检测**

互感器是一种能够按比例变换交流电压或交流电流的特殊变压器，分为电压互感器、电流互感器、测量用互感器和保护用互感器等，主要应用在电力电工领域的测量和保护系统中。

常见的互感器外形如下图所示：

电压互感器的文字符号为TV，电流互感器的文字符号为TA，它们的图形符号如下图所示：

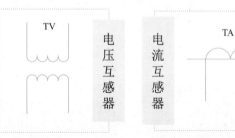

互感器的电磁感应原理如左图所示：

互感器同时还隔离了高电压或大电流电路系统与测量控制系统的电气联系，以保证人身和设备的安全

互感器的基本结构和工作原理与一般变压器相同，也是利用电磁感应原理工作的。

高电压或大电流电路系统（一次系统）与测量控制系统（二次系统）之间通过互感器联系，互感器能够将交流电路的高电压或大电流按比例转换为较低的电压或较小的电流，以便于仪表测量、继电保护及自动控制。

检测绕组线圈

1 将万用表置于"R×2k"档

2 测量互感器的各个绕组线圈，均应有一定的电阻值，如下图所示

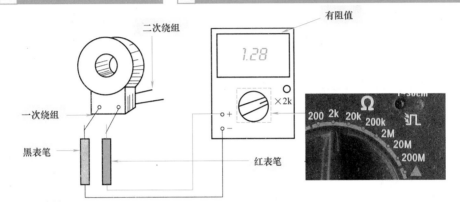

电阻值为 0 ➡️ 电流互感器的一次绕组匝数很少，电阻值几乎为 0。

万用表读数为 1 ➡️ 若数字式万用表读数仅最高位显示 1，说明该绕组内部断路，该互感器已损坏。

对于数字式万用表，可着重看其检测结果，若需要观看元件检测的变化则需要使用指针式万用表。

检测绝缘性能

1 用万用表"R×2k"或"R×20k"档

2 测量每两个绕组线圈之间的绝缘电阻

3 均应为无穷大，否则说明该互感器绝缘不良，不能使用，如下图所示

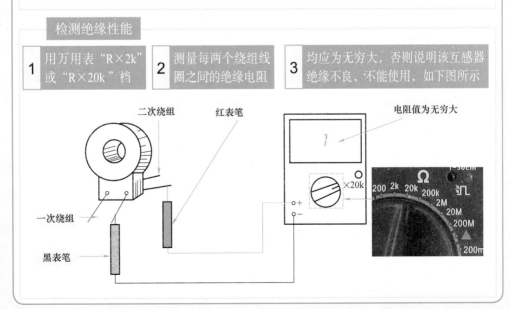

## 2.3
### 数字式万用表的变通使用

第2章

### 2.3.1 温度的测量

数字式万用表不仅可以测量以上列举的电参量，还可以测量非电量温度的数值。

例如汽车冷却水温度的控制等，用 KM300 型或其他型号的车用数字式万用表均可实现。温度检测接线如下图所示：

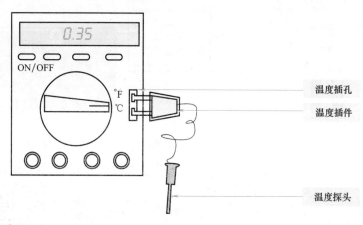

温度插孔
温度插件
温度探头

测量原理：

| | |
|---|---|
| 当冷却水温度发生变化时，置于冷却水中的感温元件（具有负温度系数的热敏电阻）的阻值发生变化 | 当温度升高时，感温元件的电阻值将减小，从显示屏上可得到随温度变化的电阻值 |

用数字式高阻抗的"Ω"档可测量变化后的电阻值，也可以直接从显示屏上读出温度变化值。测量操作步骤如下：

**1** 首先将量程转换开关旋转到"℃"位置上

**2** 将万用表配置的带温度探头的"温度插件"插接到数字式万用表面板的温度插孔内，将温度探头与被测温度的部件相接触

**3** 当温度稳定后，读取被测温度值

### 2.3.2 电感的测量

市场上常见的数字式万用表一般都不带电感测量的功能，用一只调压器和一个电位器，便可以实现电感的测量。

取一只调压器 TA，被测电感器 $L_X$ 和一只电位器 RP，按下图所示进行接线，便构成了一个电感量测试电路：

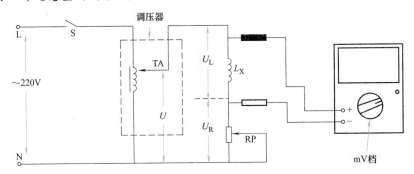

调节电位器 RP 使得其电阻值为 3140Ω，闭合开关 S，调节调压器 TA，使 $U_R$=10V，通过下式便可计算出被测电感器的电感量：

$$L_X = \frac{RP}{100\pi} \times \frac{U_L}{U_R} = \frac{3140}{100 \times 3.14} \times \frac{U_L}{10}$$

在上述条件下，$L_X$ 上的电压降数值就是它的电感量数值。如果万用表测出 $U_L$ 的单位为 V（伏特），则电感量的单位就是 H（亨利），由于 H 单位很大，而一般电感器的电感量很小，为测试方便，一般宜选用数字式万用表的 mV 档。

### 检测家用电器中电感器的好坏

在家用电器的维修中，如果怀疑某个电感器有问题，首先要将数字式万用表的量程转换开关拨至"蜂鸣器"档处（详见右图），再用红、黑表笔接触电感器两端，如果其电阻值较小，表内蜂鸣器则会鸣叫，表明该电感器可以正常使用。

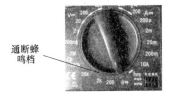

通断蜂鸣档

### 检测印制电路板上电感器的好坏

若是怀疑印制电路板中的电感器有问题，可用万用表的 $R \times 1\Omega$ 档，在断电的状态下测量电感器两端的电阻（操作方法可参照前文电阻的检测方法）。

一般高频电感器的直流电阻在零点几到几欧姆之间；低频电感器的电阻在几百欧姆至几千欧姆之间；中频电感器的电阻在几欧姆到几十欧姆之间。

测试时要注意，有的电感器的直流电阻很小，测量出的电阻值为零，这属于正常现象，如果测得电阻值很大或为无穷大时，表明该电感器已经开路。

## 2.3.3　检测电缆线（或电线）断芯的位置

当电缆线（或电线）的内部出现断芯时，由于无法确定断芯的确切位置，只能将其废弃不用，而更换新线。其实，用数字式万用表可以方便、准确地找出断芯位置，进而将其修复，再次使用。

| 1 | 把断芯的电缆线一端接 220V 交流电源的相线，另一端悬空 | 2 | 数字式万用表拨至交流 2V 档 | 3 | 从接相线的那端开始，将红表笔沿着导线的绝缘皮移动，显示出的电压值应在零点几伏 |
|---|---|---|---|---|---|

| 4 | 若红表笔移到某一处时电压突然降到零点零几伏（大约降到原来的 1/10），则说明此处的芯线已断 |
|---|---|

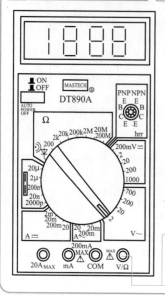

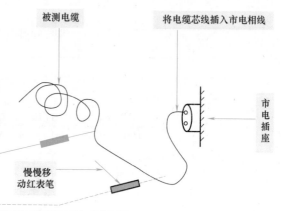

被测电缆

将电缆芯线插入市电相线

市电插座

慢慢移动红表笔

>> 特殊提示

此法还适宜检查电熨斗、电热褥等家用电器内部电热丝的断线位置，但在操作时应注意安全。

 **2.3.4 检测扬声器**

 **扬声器好坏的检测**

| 1 | 首先选择万用表的"R×200"档 | 2 | 将一支表笔接触扬声器的任意一端 | 3 | 然后用另一支表笔去触碰扬声器的另一端 | 4 | 如果听到扬声器发出"喀喀"声 |
|---|---|---|---|---|---|---|---|

| 5 | 同时万用表的读数一直变化，则说明该扬声器的质量良好 | 6 | 如果扬声器不发声，且万用表读数仅最高位为 1，即阻值无穷大，则说明该扬声器的音圈已烧断或引线已开路损坏 |
|---|---|---|---|

| 7 | 如果扬声器不发声，但万用表显示该值基本正常（若要换算出扬声器的交流电阻可以乘以 1.25，若得出的数是小数，应取扬声器的标称阻抗值 4、8、16、25 的整数值），则说明该扬声器振动系统有问题 |
|---|---|

 **扬声器阻抗的检测**

如果扬声器的标记不清或脱落，可采取下列两种方法对扬声器的阻抗进行检测。

**方法一**

| 1 首先选择万用表的 "R×200" 档 | 2 红、黑两支表笔分别接触扬声器的两端 | 3 测量出扬声器音圈的电阻值，把电阻值再乘以 1.17，即近似等于该扬声器的标称阻抗值 |

例如当扬声器音圈的电阻值为 6.5 ～ 7.2Ω 时，那么该扬声器的阻抗值应是 8Ω。

**方法二**

| 1 下图中万用表选择合适的交流电压档作交流电压表 | 2 电位器采用无感或碳膜电位器，$R_1$ 的大小应与扬声器的阻抗（粗测）接近 | 3 音频信号发生器选择或 1000Hz |

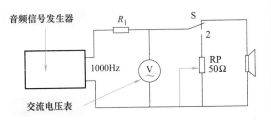

| 4 调整电位器 RP，使万用表的电压指示值在开关 S 拨在 1 和 2 两位置时相等 |
| 5 此时扬声器的阻抗值就等于电位器此时的实际电阻值 |

 **扬声器相位的检测**

扬声器的相位，也就是扬声器的正、负极性。当一直流电流进入扬声器时，若纸盆向前运动，则电流流入端即为正极。

由于这种规定是任意的，因此扬声器的正、负极性是相对的，只在多只扬声器并联使用时，使各个扬声器同相位工作（串联使用时，应正、负依次相连）。扬声器相位的检测可采用以下三种方法进行：

**方法一**

| 1 选择万用表的 "R×200" 档 | 2 红表笔接触扬声器的任意一端，然后用黑表笔去触碰另一端 | 3 同时仔细观察扬声器纸盆的运动方向 |

如果此时扬声器的纸盆向前运动，则说明黑表笔接触的一端为扬声器的正极

如果此时扬声器的纸盆向后运动，那么红表笔接触的即是扬声器的正极

**方法二**

**1** 选择万用表的直流 20 mA 或 200mA 档

**2** 将红、黑两表笔并接在扬声器两接线端上，双手按住纸盆迅速一压（用力不要太大，以免损坏纸盆）

**3** 观察读数，若为负数，则红表笔接的是负极，黑表笔接正极；反之亦然

**方法三**

**1** 找一节 1.5 V（5 号）干电池，将其负极用导线与扬声器的任意一端相连

**2** 然后用正极去触碰扬声器的另一端，同时观察扬声器的纸盆运动方向

如果纸盆向前运动，那么电池正极接触的这一端即为扬声器的正极

如果纸盆向后运动，那么电池负极接触的那一端是扬声器的正极

**功率的检测**

扬声器的功率可根据其口径的大小大致推断出来，仅供检测时参考，具体见下表：

| 口径（圆）/mm | φ40 | φ50 | φ55 | φ65 | φ80 | φ90 | φ100 | φ130 | φ165 | φ200 |
|---|---|---|---|---|---|---|---|---|---|---|
| 口径（椭圆）/mm² | — | 40×60 | — | 50×80 | 65×100 | 80×130 | — | 100×160 | 120×190 | 160×200 |
| 功率/W | 0.05 | 0.1 | 0.1 | 0.25 | 0.4 | 0.5 | 0.5 | 1 | 2 | 3 |

注：上述检测是指一般纸盆扬声器，对于橡皮边和布边扬声器不适用，它们的功率要比同口径的纸盆扬声器大得多。

## 2.3.5 检测电池放电功能

目前，只有少数数字式万用表具有测试电池放电电流的功能。如 DT830B 型数字式万用表，用其电池测试档可测量 1.5V 干电池和 9V 叠层电池在额定负载下的放电电流，从而迅速判定电池质量的好坏。

**放电电流的检测**

放电电流测出的是电池额定工作电流，比测量电池空载电压更具有实际意义。

**空载电压难以鉴别电池质量**

由于空载电压不能反映电池的带负载能力，所以仅凭测量空载电压，有时不仅不能鉴别电池质量的优劣，还容易出现误判。

对于没有设置电池测试档的数字式万用表，可采用下面的方法检测电池的负载电流。检测电路如下图所示：

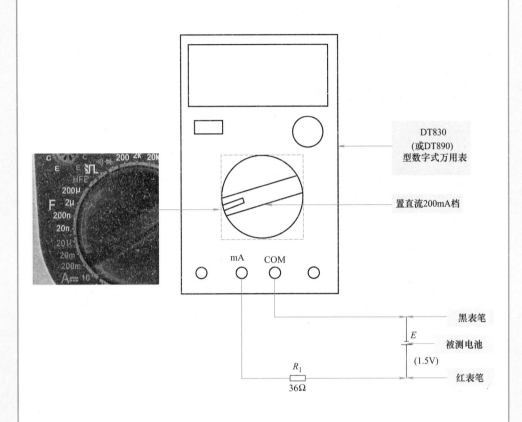

1 将数字式万用表置于直流 200mA 档

2 此时数字式万用表的输入电阻 $R_{IN}$=1Ω（即直流 200mA 档的分流电阻为 1Ω）

3 检测 1.5V 电池负载电流时，按上图所示电路连接

4 在数字式万用表的红表笔上串入一只限流电阻 $R_1$（36Ω），然后接被测电池两端

此时负载电阻 $R_L=R_1+R_{IN}$=36Ω+1Ω=37Ω，忽略被测电池的内阻 $R_0$，则负载电流为

$$I_L=E/(R_1+R_{IN})=1.5V/(36+1)Ω \approx 0.0405A \approx 41mA$$

同理，检测9V叠层电池负载电流时，电路连接如下图所示：

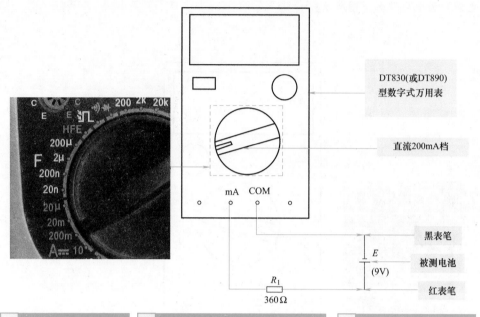

DT830(或DT890)
型数字式万用表

直流200mA档

黑表笔

$E$
(9V)　被测电池

红表笔

$R_1$
360Ω

| 1 | 将数字式万用表置于直流200mA档 | 2 | 此时数字式万用表的输入电阻 $R_{IN}$=1Ω（即直流200mA档的分流电阻为1Ω） | 3 | 检测9V电池负载电流时，按上图所示电路连接 |

4　在数字式万用表红表笔上串入一只360Ω限流电阻，然后接被测电池两端

忽略被测电池的内阻$R_0$，此时负载电流$I_L$=E/（$R_1$+$R_{IN}$）=9V/（360+1）Ω≈
0.0249A ≈ 25mA

对新电池而言，通常其内阻$R_0$很小，可以忽略不计

当电池使用或存放过久，电池电量不足时，会导致$E$下降，内阻$R_0$增加，使得负载电流$I_L$下降，据此可以迅速判定被测电池是否失效

下表为常见的几种电池在额定负载下的标准电流值，供读者测试时参考。

| 电池测试功能 | | 被测电池 | 测试电流 |
|---|---|---|---|
| 1.5V电池测试电路 | 负载电阻37Ω | 1.5V电池 | 41mA |
| | | 3V大纽扣电池（估测） | 81mA |
| 9V叠层电池测试电路 | 负载电阻361Ω | 6V叠层电池（估测） | 17mA |
| | | 9V叠层电池 | 25mA |
| | | 15V叠层电池（估测） | 42mA |

正常情况下，被测电池的负载电流应接近或符合上表中的数值。若数字式万用表显示的电流值明显低于正常值，则说明被测电池电量不足或失效。

# 第 3 章

# 万用表的功能改进及使用技巧

# 3.1 指针式万用表的改进及使用技巧

第3章

## 3.1.1 提高电压档输入阻抗的方法

　　常用的万用表直流电压档的内阻为几十千欧，在测量高内阻电源电压时会因万用表输入阻抗低而产生较大的测量误差。所以，适当提高输入电路阻抗不仅能提高电压档的输入阻抗，而且还可以提高万用表的灵敏度。

　　高输入阻抗放大电路可以有效提高万用表的输入阻抗，如下图所示：

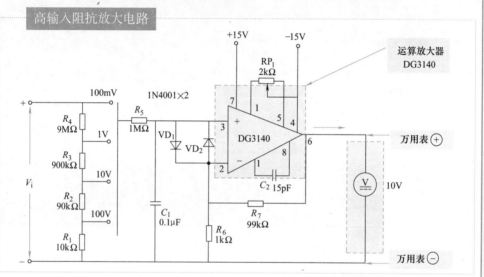

高输入阻抗放大电路

　　上图所示电路由运算放大器和电阻分压衰减器两部分组成。运算放大器采用 DG3140（国外型号为 CA3140），它构成 100 倍同相放大器。运算放大器 DG3140 实物及引脚排列如下图所示：

运算放大器实物

运算放大器引脚排列
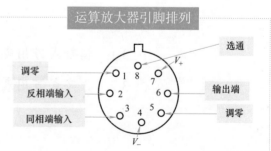

　　当运算放大器 DG3140 的同相端输入 100mV 时，它的输出端为 10V。该电路设有 100mV、1V、10V、100V 四个直流电压量程，后三档的输入阻抗为 10MΩ。

| 1 | DG3140 的输入端具有 PMOS 场效应晶体管那样的高阻抗，而输出端又有双极性晶体管的输出特性 | 2 | DG3140 的⑥脚可直接与万用表（置于 DC10V 档）的红（正）表笔相连，将黑（负）表笔接地 |

电阻 ➡ 在高输入阻抗的放大电路中，衰减器电阻应使用误差为 1% 的测量用金属膜电阻。

电位器 $RP_1$ ➡ 电位器 $RP_1$ 用作表头调零，最好采用线绕式。　　电容 ➡ 电容采用漏电流极小的聚苯乙烯电容。

##  3.1.2 增设 "R×10k" 档的方法

有的万用表没有 "R×10k" 档，这给测量工作带来了不便，可以将 "OFF" 档改装成 "R×10k" 档。

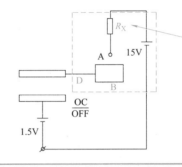

| 1 | 改装时，打开后盖，拆下电刷和组件板。将量程转换开关 "OFF" 档的 A 端与表头负极的连线断开 |
| 2 | 将 B 端与表头正极的连线断开 |
| 3 | 如右图所示，将 B 端与 D 端连接，再将电阻 $R_X$ 与 15V 的叠层电池相串联，接于 A 端和表头正端之间 |

万用表表头电阻刻度的中心值为 8Ω，所以应在两表笔之间接一只 80kΩ左右的电阻$R_X$。

以 MF40 型万用表为例，MF40 型万用表的原电阻测量原理图如下图所示：

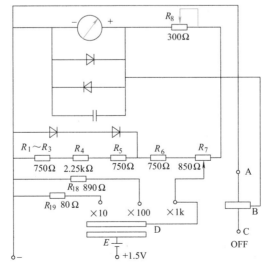

$R_X$ 按下法确定，先用一只 $100k\Omega$ 的电位器串联一只 $30k\Omega$ 的电阻代替 $R_X$，慢慢调节电位器，使表头指针指在中心值 $80k\Omega$，然后测量 $R_X$ 的实际值，并换上相同阻值的固定电阻即可。

如测得的 $R_X$ 是非标准值，可用一组几十千欧的电阻相串联而获得。15V 叠层电池可夹在表头箱和边框之间，并用橡皮膏将其固定。

### 3.1.3  增设蜂鸣器测试功能的方法

现以 U-20 型袖珍万用表为例，介绍在其 "R×1" 档增加蜂鸣器测试功能的方法。

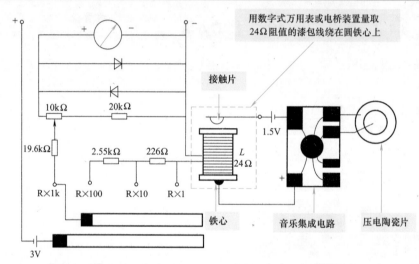

线圈 L 的位置原本是一个 $24\Omega$ 的电阻，它是测量电路上电流所经过的第一个电阻。

| 1 | 如果把万用表的量程转换开关拨到 "R×1" 档 | 2 | 两表笔短接（相当于通路），$24\Omega$ 电阻值的线圈里便有电流通过，使铁心产生磁力，此磁力便把接触片吸下，从而使音乐集成电路接通 |
| --- | --- | --- | --- |
| 3 | 压电陶瓷片便在万用表指针摆动的同时也发出声音 | 4 | 如果把两表笔分开（相当于断路），则指针不摆动，压电陶瓷片也不发声 |

电阻材料的选择 ⬇

改装时，用 φ0.1mm 漆包线作为电阻材料，用数字式万用表或电桥装置量取 $24\Omega$ 阻值（一定要精确）的漆包线，绕在圆铁心上即成为一只 $24\Omega$ 电阻。

电阻的拆除 ⬇

把原 $24\Omega$ 电阻焊下，将绕成的 $24\Omega$ 电阻（铁心）装在表内空余处并固定好，把两引线焊到原 $24\Omega$ 电阻的位置即成为一只 $24\Omega$ 电阻。

连接音乐器件 ⬇

以音乐贺年片上的所有器件（音乐集成电路、带助声腔的压电陶瓷片、纽扣电池）作为讯响器件，将其固定安装在万用表内的空余处，用导线正确连接即可。

如果使用万用表"R×10"档改制，则要把接触片与铁心之间的距离适当调小。凡具有"R×1"档，且输出电流能达 30mA 以上，同时在其测量电路上具有 20Ω 左右阻值的线绕电阻的万用表；均可照此法改装。

---

>> 特殊提示

（1）不能乱接表内电池为集成电路供电，更不能直接将导线接在红、黑表笔的插口处，以免损坏集成电路或影响万用表的原功能。

（2）接触片不能太靠近表头。接触片做水平方向运动接触时，要面向表头；接触片做垂直方向运动接触时，要倒置安装，即接触片在下，铁心在上。

---

 **3.1.4　给 500 型万用表添加直流 2.5A 量程的方法**

500 型万用表直流电流最大量程为 DC500mA，检修电视机时常感不足。为适应测量需要，可按下述方法将此表增加 DC2.5A 电流档。

| | | |
|---|---|---|
| **1** 准备一只 0.3Ω/3A 锰铜线绕电阻 | **2** 打开表壳，将量程转换开关置于 DC500mA 档，找到该档 1.5Ω 分流电阻 | **3** 断开该电阻与"*"插孔相连的一端 |
| **4** 并拆去 1/6 长度（阻值约 1.2Ω），断开"dB"插孔与 0.1μF 电容的连线 | **5** 将 0.3Ω 电阻焊在"*"插孔与"dB"插孔之间，1.2Ω 电阻也焊在"dB"插孔上 | |
| **6** "dB"插孔就变为 DC2.5A 电流档插孔 | **7** 用精确度为 1 级的电流表校对 DC2.5A 和 DC500mA 档 | **8** 调修 0.3Ω 和 1.2Ω 电阻使误差小于 1.5% |
| **9** 将 0.1μF 电容焊在"Ω"量程转换开关的"."档触点，此档位就成为"dB"档 | | |

测试时，"dB"档电容与"+"插孔接通。

---

# 3.2
## 数字式万用表的改进及使用技巧

第3章

---

 **3.2.1　提高基准电压稳定性的方法**

$3\frac{1}{2}$ 位数字式万用表多由 9V 叠层电池供电，且大多采用 7106 型单片 A-D 转换器，基准电压（$U_{REF}$）是利用芯片内部的基准电压源（$E_0$）来获得的。它的缺点是基准电压的稳定性比较差，当电池电压降低时会直接影响仪表的准确度。

例如新电池电压 $E=9.0 \sim 9.5\text{V}$，当使用较长时间就会降到7V左右，随着电池电压 $E$ 的下降，$E_0$ 和 $U_{REF}$ 值均会降低，进而使读数偏高，造成测量误差。另外，该基准电压源具有较高的电压温度系数，典型值为 $80 \times 10^6/\text{℃}$，当环境温度发生变化时也会产生测量误差。

### 基准电压源稳定性测试

检测 ICL7106 中基准电压源的稳定性电路如下图所示：

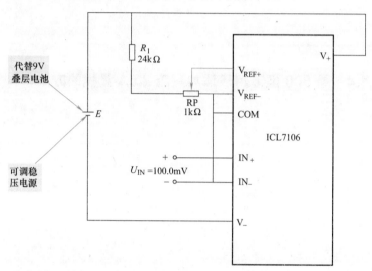

　　对于基本量程为 200mV 的数字式万用表，输入电压 $U_{IN}$ 固定为 100.0mV，用可调稳压电源 E 代替 9V 叠层电池。

**1** 经实测，当将稳压电源调在 $E=9.0\text{V}$ 时

**2** 显示值为 100.0mV，误差为零

**3** 但当将稳压电源调至 $E=7.0\text{V}$ 时，显示值为 100.6mV，相对误差为 +0.6%

可见基准电压的稳定性对测量结果的影响是值得注意的。

### 提高基准电压稳定性的简易办法

　　在 "$V_+$" 与 "COM" 端之间接一只稳压二极管 VS，可有效提高基准电压的稳定性。

稳压二极管的限流电阻 ➡ 稳压管 VS 可选用典型稳压值 $U_{VS}=2.4\text{V}$ 的稳压管（如 1N5985B），稳定电流 $I_{VS}=10\text{mA}$。VS 也可用日本产 02BZ2.2 型稳压管代替，其稳定电压 $U_{VS}=2.2\text{V}$（典型值），此时 $R_2$ 应取 5100Ω。$U_{VS}$ 经过 RP、$R_1$ 分压后获得基准电压，调整多圈电位器 RP 应使 $U_{REF}=100.0\text{mV}$。

　　加装稳压管 VS 后，经实测，基准电压的稳定性得到明显改善，当将 E 从 9.0V 调低至 7.0V 时，显示值没有变化。

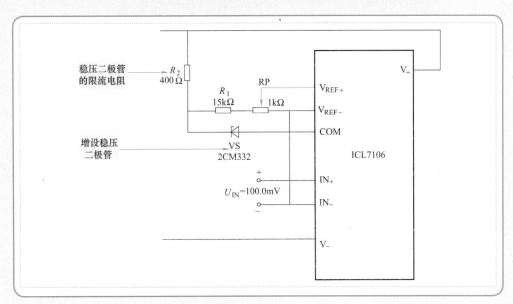

 **3.2.2 增设直流 10μA 档的方法**

　　当前只有少数几种数字式万用表设有直流 20μA 档，而多数数字式万用表都未设置该档，不能测量小值电流。此时，可采用接线（以 DT830 型为例）给数字式万用表增设直流 20μA 档。如下图所示：

| 1 | 先将数字式万用表置于直流电压 200mV 档 | 2 | 在数字式万用表的"COM"插孔与"V/Ω"插孔之间跨接一只 10kΩ 的电阻 |

| 3 | 然后即可测量 20μA 以下的小值电流了 |

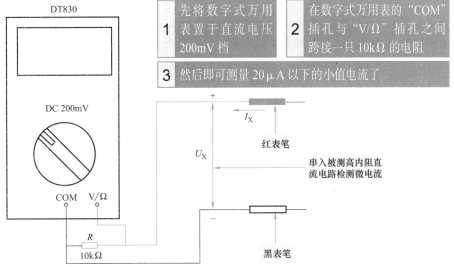

　　由数字式万用表原理可知，其直流电压档的输入电阻可达 10MΩ，比电流取样电阻大得多，因此可近似将其视为开路。另外，10kΩ 电流取样电阻对被测高内阻电流源的影响很小，可将其忽略不计。被测电路的电流 $I_X$ 与数字式万用表直流 200mV 档显示值 $U_X$ 之间就有如下关系式：

$$I_X = \frac{U_X(mV)}{R(k\Omega)} = \frac{U_X(mV)}{10k\Omega} = 0.1 U_X(\mu A)$$

由于 DT830 型数字式万用表直流 200mV 档的电压测量范围为 0.1 ～ 200mV 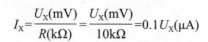 根据 $I_X = 0.1 U_X$（$\mu A$）关系式即可换算出数字式万用表此时的直流电流测量范围为 0.01 ～ 20 $\mu A$

　　为了保证测量电流时的准确度，电流取样电阻应采用 1/4W、阻值为 10kΩ、误差为 ±0.5% 的金属膜电阻。为了安全起见，应将电阻加装绝缘套管。

>> 特殊提示

　　测量电流时应把数字式万用表串联到被测电路中，当被测电流源的内阻很小时，应尽量选择较高的电流量程以减小分流电阻上的压降，提高测量的准确度。在使用增设的直流 20μA 档时应注意安全，避免误操作。测量完毕后应及时拆除跨接在"COM"插孔与"V/Ω"插孔间的电流取样电阻，以免影响数字式万用表的其他测量功能。

 ### 3.2.3　附加测量占空比装置的方法

　　在制作开关稳压电源或设计调试脉冲电路时，常常需要测量脉冲信号的占空比。测量占空比通常要有专用仪器，这在业余条件下不好实现。

　　如果给 $3\frac{1}{2}$ 位或 $4\frac{1}{2}$ 位数字式电压表配以适当的外围电路，就能迅速、准确地测量出脉冲信号的占空比。测量占空比电路如下图所示：

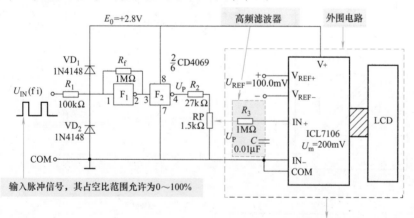

　　图中，虚线框外部是由 ICL7106 构成的 $3\frac{1}{2}$ 位数字式电压表，当基准电压 $U_{REF}=100.0mV$ 时，基本量程 $U_M=200mV$。数字式电压表可选用市售成品，也可用数字万用表电压档代替。

元件作用

| | |
|---|---|
| $VD_1$ 和 $VD_2$ | $VD_1$ 和 $VD_2$ 构成双向限幅过电压保护电路。 |
| $F_1$、$F_2$ | $F_1$、$F_2$ 合用一片 CD4069 型 CMOS 六反相器（仅用其中的两个反相器）。 |
| 电源电压 | 电源电压由 ICL7106 内部的 2.8V 基准电压源 $E_0$ 提供。 |
| $R_f$ 偏置电阻 | $R_f$（1MΩ）是 $F_1$ 的偏置电阻，用以将 $F_1$ 偏置在线性放大区域内。 |
| 脉冲信号 $U_{IN}$ | 脉冲信号 $U_{IN}$ 经过 $F_1$、$F_2$ 放大后，其幅度 $U_P \approx 2.8V$，再由 $R_2$ 和 RP 分压，幅度降为 $U_P'$，其平均值为 $\overline{U_{IN}}$。 |
| 电位器 RP | 在上图中，RP（1.5kΩ）是占空比校准电位器，调节 RP，可使 $U_P'$= 100mV。 |

测量占空比的原理

在正常情况下，数字式电压表输入的是直流电压，但测量占空比输入的则为脉冲电压，此时数字式电压表所显示的是脉冲平均值电压 $\overline{U_{IN}}$，而 $\overline{U_{IN}}$ 与占空比 $D$ 有关，即

$$\overline{U_{IN}} = 10DU_P$$

由 ICL7106 的测量原理可知，此时显示值应为

$$N = \frac{1000}{U_{REF}}\overline{U_{IN}} = \frac{1000}{100.0}\overline{U_{IN}} = 10\overline{U_{IN}}$$

即 $\overline{U_{IN}} = 0.1N$

将 $\overline{U_{IN}}$ 代入 $N$ 的公式中，得到 $D = \frac{0.1N}{10U_P} = \frac{0.01N}{U_P}$ 考虑到 $U_P$=100mV，故

$$D = \frac{0.01N}{U_P} = \frac{0.01N}{100} = 0.001N$$

即 $D = 0.001N = 0.1N(\%)$

该电路测量脉冲占空比的范围是 $D$=0% ～ 100%，频率范围是 20Hz ～ 1MHz，准确度是 ±0.2% ～ ±2%，输入脉冲幅度范围是 0.6 ～ 10V。

在实际使用中，可用数字式万用表的直流电压档代替数字式电压表。若基本量程 $U_M$=2V，则需相应改变 $R_2$ 和 RP 的电阻值，取 $R_2$=1.5kΩ，RP=1kΩ，并调整 RP 使 $U_P'$=1V。

## 3.2.4 增加频率测试、读数保持功能的方法

### 增加频率测试功能的方法

目前，常见的 $3\frac{1}{2}$ 位数字式万用表，多数都不具备测量频率的功能。对于这种仪表，只要在其外部增加频率 - 电压（$f$-$V$）转换器，即可用来测量频率。

### 50Hz ～ 20MHz 测频电路

制作附加装置，与数字式万用表配合使用，可以测量频率范围为50Hz～20MHz的信号。该装置的特点是读数稳定、准确、灵敏度高、体积小及携带方便。

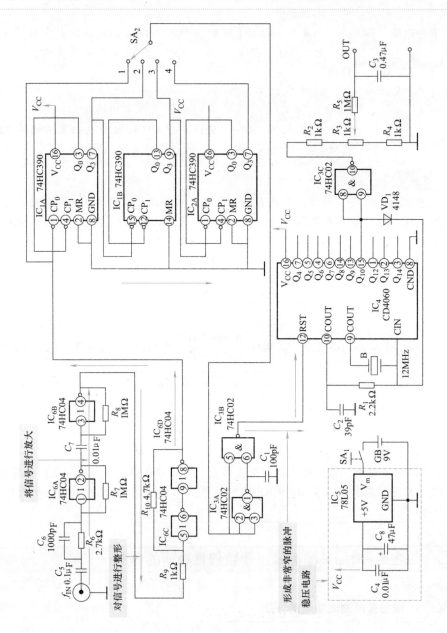

上图中，IC$_5$、C$_8$、C$_4$组成稳压电路，用以输出5V直流电压为整个电路供电。采用稳压的目的是防止因电池电压降低而导致精度下降。

50Hz ～ 20MHz 测频电路元器件的型号选择如下所示：

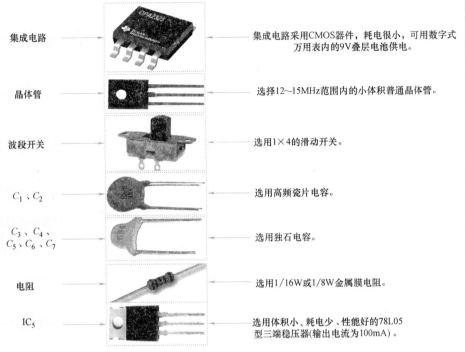

| 集成电路 | → | 集成电路采用CMOS器件，耗电很小，可用数字式万用表内的9V叠层电池供电。 |
| 晶体管 | → | 选择12~15MHz范围内的小体积普通晶体管。 |
| 波段开关 | → | 选用1×4的滑动开关。 |
| $C_1$、$C_2$ | → | 选用高频瓷片电容。 |
| $C_3$、$C_4$、$C_5$、$C_6$、$C_7$ | → | 选用独石电容。 |
| 电阻 | → | 选用1/16W或1/8W金属膜电阻。 |
| $IC_5$ | → | 选用体积小、耗电少、性能好的78L05型三端稳压器(输出电流为100mA)。 |

信号电路的工作过程如下所示：

**1** 被测信号经 $C_5$ 耦合，首先加到 $IC_{6A}$、$IC_{6B}$ 组成的两级放大电路进行放大，以提高输入灵敏度

**2** 放大后的信号送入 $IC_{6C}$、$IC_{6D}$ 组成的施密特整形电路进行处理

**3** 整形后的方波信号送入 $IC_{1A}$、$IC_{1B}$、$IC_{2A}$（双 2-5 十进制 4 位计数器 74HC390）组成的三组十分频电路

**4** 整形后的方波信号送入 $IC_{3A}$ 和 $IC_{3B}$ 组成的窄脉冲形成电路

**5** 窄脉冲信号用来使 $IC_4$（内含振荡电路的 14 级二进制计数器 CD4060）组成的计数器复位

**6** 复位后，振荡器和计数器开始工作

**7** $IC_4$ 的 $Q_{10}$ 为低电平

**8** 反相后 $IC_{3C}$ 的⑩脚输出高电平

**9** 经过一段固定时间 ($T_S$=512/12μs= 42.67μs，晶振采用 12MHz) 后

**10** $Q_{10}$ 变为高电平，$IC_{3C}$ 的⑩脚变为低电平

**11** 二极管 $VD_1$ 导通，使振荡器停振，此时计数器将保持计数状态直到下一个复位脉冲到来为止

　　上述过程不断重复进行，于是在 $IC_{3C}$ 的⑩脚便形成方波信号输出，其占空比为 $T_S/T$，平均直流输出电压为

$$U_0=V_{CC}T_S/T=V_{CC}T_S f_{IN}$$

电源电压　　输入信号频率值

由于 $V_{CC}$ 与 $T_S$ 均为常量，所以输出电压与输入频率成正比。该方波信号经 $R_5$ 和 $C_3$ 进行平滑处理后，输出直流电压，并加到数字式万用表的电压档，由仪表显示读数。

波段开关 $S_{A1}$ 的 1、2、3 和 4 位置所对应的测量频率范围分别为 19.99kHz、199.9kHz、1.999MHz 和 19.99MHz。电路校准时，在输入端送入一个 19.99MHz 信号，将电路的输出端接到数字式万用表直流 2V 电压档，调整 RP 使万用表读数为 1.999 即可。

### 10Hz ～ 20kHz 测频电路

该电路的测频范围为 10Hz ～ 20kHz，准确度为 ±1%，分辨力为 10Hz。若配 $4\frac{1}{2}$ 位 DMM 的 DC 200mV 档使用，则分辨力可提高到 1Hz。

该频率测量电路的特点是能将 f-V 转换器与数字式万用表的 DC 200mV 档配套使用，从而使数字式万用表的测量功能得以扩展

本电路还可以直接配于由 ICL7129 构成的 4½ 位数字式万用表的 DC 200mV 档使用。此时 $V_+$ 与 COM 之间的电压应改为 $E_0 = +3.2V$

**1** 被测频率信号 $U_{IN}$（50mV ～ 10V 有效值）经限流电阻 $R_1$

**2** 加至 $IC_1$ 的同相输入端，由 $IC_1$ 对其进行开环电压放大

**3** 经偏置电阻 $R_4$ 后将信号送入 $F_1$ 和 $F_2$ 进行设置工作点的电压

**4** 将电压进行放大形成陡峭的矩形脉冲后经 $C_2$ 进行耦合

**5** 最后送入 ICM7555 的第②脚

**6** 从 ICM7555 第③脚输出的脉冲信号经 $R_8$、RP 和 $R_9$ 分压

**7** 再由 $C_4$、$R_{10}$、$C_5$ 滤波，变成平均值电压 $\overline{U}_0$

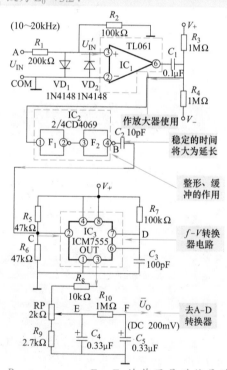

电路中的：

$C_1$ ➡ $C_1$ 为隔直流电容。

$C_2$ ➡ $C_2$ 为耦合电容，取值 10pF。

$R_3$ ～ $R_6$ ➡ $R_3$ ～ $R_6$ 均为偏置电阻，$R_3$、$R_4$ 可将反相器 $F_1$ 的工作点偏置定在电源电压的中点（4.5V）。

$F_1$ $F_2$ ➡ $F_1$、$F_2$ 的作用是对信号进行整形，使放大后的信号变成陡峭的矩形脉冲，以利于进行 f-V 变换。

**RP** ➡ 电位器 RP（2kΩ）可用于频率校准，调整 RP 可使仪表直接显示出频率值。

**IC₁** ➡ 该电路主要由 IC$_1$（单运算放大器 TL061）、IC$_2$（CMOS 六反相器 CD4069）和 IC$_3$（CMOS 单定时器 ICM7555）等构成。其中，IC$_1$ 作电压放大器，IC$_2$ 起到整形、缓冲的作用，IC$_3$ 则组成 $f$-$V$ 转换器电路。

### ICM7555

**④脚** ➡ 将 ICM7555 的复位端（第④脚）接 $V_+$，其目的是使电路总不复位，以保证 $f$-$V$ 转换能够不间断地进行下去。

**⑤脚** ➡ 控制电压端（第⑤脚）悬空不用。

**⑥脚**
**⑦脚** ➡ ICM7555 的第⑦脚（⑥脚）与第⑧脚间跨接的 $R_7$ 为定时电阻，第⑦脚（⑥脚）与地（第①脚）间的 $C_3$ 是定时电容。

在这里，ICM7555 工作于单稳态触发器模式，触发脉冲为低电平有效。由 ICM7555 内部电路工作原理可知，它内部有两个比较器和一个 RS 触发器。

| 1 当第②脚输入电平负向跳变到 $1/3V_+$ 时 | 2 RS 触发器翻转 |
|---|---|
| 3 OUT（第③脚）=1 | 4 $V_+$ 经过 $R_7$ 对 $C_3$ 充电 | 5 当 $U_{C3}=2/3V_+$ 时 |
| 6 RS 触发器再次翻转 | 7 OUT（第③脚）=0 |

这样，每当第②脚输入一次触发信号，就从第③脚输出一个正向脉冲。设高电平脉冲宽度为 $t$，则有公式：

$$t=1.1R_7C_3$$

当电路元件参数固定后，输出脉冲宽度 $t$ 亦是固定的，所以触发频率（即被测信号频率 $f$）越高，在单位时间内产生的脉冲数也就越多，由此获得的（$\overline{U}_O$）值就越大。可见，（$\overline{U}_O$）与 $f$ 是严格成正比关系的。这就是由 ICM7555 构成的 $f$-$V$ 转换器的工作原理。

由上式中不难看出，输出脉冲宽度可通过改变定时电阻的阻值来调节，进而改变 $U_O$ 值。因此只要适当改变定时电阻 $R_7$ 和电位器 RP 的参数，就可设计成多量程数字式频率表。

### 元器件选择

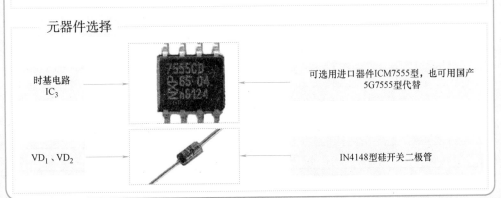

时基电路 IC$_3$ → 可选用进口器件 ICM7555 型，也可用国产 5G7555 型代替

VD$_1$、VD$_2$ → IN4148 型硅开关二极管

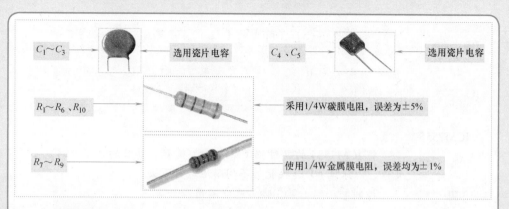

$C_1 \sim C_3$ 选用瓷片电容

$C_4$、$C_5$ 选用瓷片电容

$R_1 \sim R_6$、$R_{10}$ 采用1/4W碳膜电阻，误差为±5%

$R_7 \sim R_9$ 使用1/4W金属膜电阻，误差均为±1%

### 实测数据

元器件装好电路后，配合数字式万用表的 DC 200mV 档，对低频信号发生器输出的 800Hz、0.9V（有效值）正弦波信号进行实测，显示值 $N=80$。该频率测量电路配合数字式万用表 DC 200mV 档测量时，所显示的 1 个字代表 10Hz，故显示值（$N=80$）即表示被测频率为 $80 \times 10Hz = 800Hz$。

此外，用示波器还可观测到电路中各测试点的波形，如下图所示：

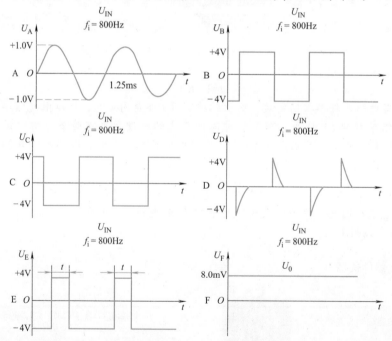

各点的工作电压值，其数据见下表：

| 波形有效值 | | | | | 直流 |
|---|---|---|---|---|---|
| $U_{IN}$ | A | B | C | D | $\overline{U}_O$ |
| 0.90V | 0.20V | 1.25V | 1.30V | 1.00V | 8.0mV |

增加读数保持功能的方法

目前生产的 $3\frac{1}{2}$ 位数字式万用表，大多没有设置读数保持功能，在测量操作时有时显得不够方便。可以根据数字式万用表采用的不同型号的 A-D 转换器，对其相关外围电路稍加变动，就能给仪表增加读数保持功能。此方法简便易行，实用价值较高。

### 为 7106 型万用表设置读数保持功能的方法

ICL 7106 时钟振荡器是由反相器 $F_1$、$F_2$ 与外部阻容元件构成的，ICL 7106 的㊲脚（$OSC_1$）接反相器 $F_1$ 的输入端。改装办法如下图所示：

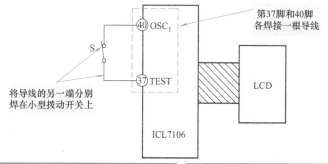

| 1 | 为了便于使用，从 ICL 7106 的㊲脚和⑳脚各焊接一根导线 ( 带绝缘皮 ) | 2 | 并将导线的另一端分别焊在一只小型拨动开关 (S) 上 |
|---|---|---|---|
| 3 | 平时，使开关 S 断开 | 4 | 需要将所测读数保持下来时，把开关 S 闭合即可 |

检测时可以发现，突然将㊲脚与⑳脚( 测试端兼数字地 TEST) 短路，会导致振荡器立刻停振，进而使分频器、计数器、A-D 转换器和控制逻辑电路全部停止工作。当分频器停止工作时，液晶显示器公共电极（BP）上的方波电压便随之消失，此时对数字地而言，计数器就保持在原计数状态不变。

所以，在㊲脚和⑳脚间引入一根导线，仪表就总显示在短路前那一瞬间的数值。而一旦将脚与脚的短路状态解除，仪表则立即恢复正常测量功能。这就是为7106 增设读数保持功能的原理。

由于长时间用直流电压驱动 LCD 会缩短其寿命，所以每次读数保持时间应控制在 1min 之内，以最长不超过 3min 为宜。此外，每次用完仪表关机时务必把开关 S 断开，以避免下次开机后仪表即处于读数保持状态。

### 为 MC14433 型万用表设置读数保持功能的方法

为 MC14433 设置读数保持功能的电路如下图所示：

| 1 | 在 A-D 转换结束标志输出端（EOC）与数据更新端（DU）之间串入 100kΩ 电阻 $R$ | 2 | 在 "DU" 端与 "$V_{ss}$" 端再设置一只拨动开关 S，当 S 闭合时 DU=0，A-D 转换结果就被保持下来 |
|---|---|---|---|
| 3 | 此时 A-D 转换器处于锁存状态，读数保持时间与开关闭合时间是相同的。当开关 S 断开时，A-D 转换能正常进行，仪表恢复正常测试功能 | | |

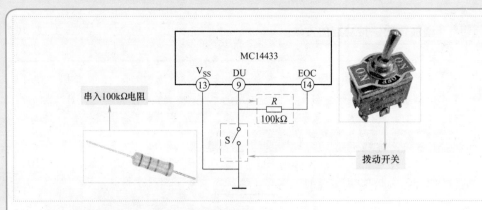

### 为 ICL7129 设置读数保持功能的方法

ICL7129 属于 $4\frac{1}{2}$ 位 A-D 转换器，它的㉒脚为锁存 / 保持端（L/H）。为 ICL7129 设置读数保持功能的电路如下图所示：

**1** 将保持开关 S 拨至右端时，"L/H" 接高电平 $V$

**2** 仪表进入保持状态

**3** 与此同时，标志符驱动端 ANND（第③脚）使 LCD 上显示出读数保持标志符 "H"

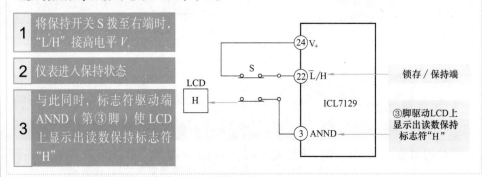

### 为 TSC818A 设置读数保持功能的方法

TSC818A 属于 $3\frac{1}{2}$ 位位双显示数字式万用表集成电路，它的⑪脚为保持端 $\overline{\text{HOLD}}$，低电平有效，典型应用电路如下图所示：

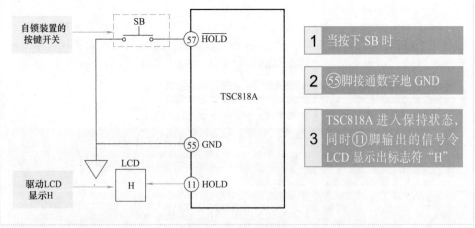

**1** 当按下 SB 时

**2** ⑤脚接通数字地 GND

**3** TSC818A 进入保持状态，同时⑪脚输出的信号令 LCD 显示出标志符 "H"

### 3.2.5 增加自动关机功能及常用表笔改造小窍门

目前，有些数字式万用表由于没有自动关机功能，用完后经常因忘记关机而造成电池的浪费。对于这种数字式万用表，可按本小节介绍的几种电路为其增加自动关机功能。

 **90 秒自动关机电路**

本电路可以使数字式万用表在停止测量后一分半钟左右自动关机，具体电路如下图所示：

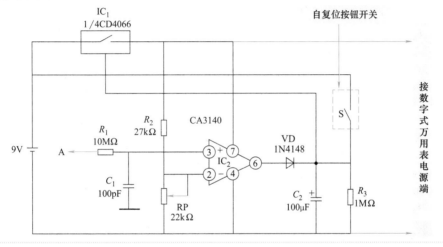

平时开始使用时按下 S，$C_2$ 迅速充电，电子开关 $IC_1$ 导通，接通电源。

| 大多数数字式万用表的 A-D 芯片都采用 ICL7106，所以 A 点可接芯片的测量信号输入引脚 | → | 当不断测量时，$IC_2$ 的正相输入端总高于反相输入端，输出高电平，$C_2$ 不断充电，$IC_1$ 保持导通 | → | 当停止测量后，$C_2$ 通过 $R_3$ 放电，90s 后，$IC_1$ 断开，停止供电 |

由于 $IC_2$ 输入电阻很高，达 $10^{12}\Omega$，所以对测量信号没有影响。电池用原来数字式万用表内电池。其中 $IC_1$ 的电源端要直接接在电池上，由于它的静态电流只有几个微安，所以平时不耗电。S 需使用自复位按钮开关。

 **延时自动关机电路**

对于不具备延时自动关机功能的数字式万用表，将仪表的电源开关电路进行改进，以实现延时自动断电关机功能，从而延长表内电池使用寿命。电路如下图所示：

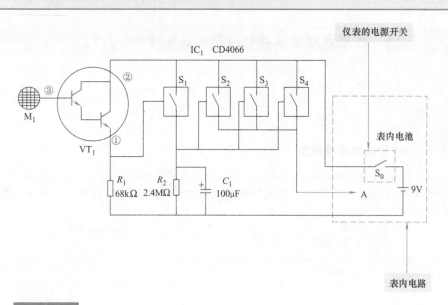

## 电路原理

　　该电路由两只电阻、一只电容、一只达林顿晶体管和一片CMOS模拟开关芯片共五只元器件构成。

　　电路中的 $S_0$ 是原仪表的电源开关。根据表内具体供电电路，可将电池正极与原供电电路断开，然后将A点接在表内相应供电端。

　　使用数字式万用表时：

1 打开原表电源开关 $S_0$　　2 未触摸 $M_1$ 时　　3 $VT_1$ 处于截止状态

4 发射极为低电位　5 $IC_1$ 中 $S_1 \sim S_4$ 的控制端均为低电位　6 开关处于断开状态

7 此时仪表未通电　8 当用手触摸电极 $M_1$ 时　9 人体感应信号加在 $VT_1$ 的基极上

10 由于 $VT_1$ 具有极高的放大倍数（$\beta \geq 5000 \sim 10000$）　11 致使 $VT_1$ 导通　12 $VT_1$ 的发射极与集电极间等效电阻变小

13 使发射极电位升高　14 $S_1$ 因控制端输入高电位而闭合　15 +9V电源经 $S_1$ 向 $C_1$ 充电

16 瞬间即可使 $S_1$ 两端达到接近9V的电压　17 使 $IC_1$ 中的 $S_2 \sim S_4$ 接通

18 仪表通电工作　19 当停止触摸电极 $M_1$ 后　20 $VT_1$ 恢复截止状态

21 发射极电位恢复为低电位　22 $S_1$ 断开，$C_1$ 开始经电阻 $R_2$ 放电

23 经过一段延时后　24 $C_1$ 两端电压逐渐降低到 $S_2 \sim S_4$ 控制端启控电压（约为1.5V）以下　25 $S_2 \sim S_4$ 恢复断开状态

26 仪表断电停止工作

　　再次触摸电极 $M_1$，电路将重复上述工作过程。电路的延时时间主要由 $C_1$ 的容量和 $R_2$ 的阻值决定。

元器件选择

VT$_1$ 器件　➡️　VT$_1$ 选用 U850 型达林顿晶体管，其外形和引脚排列如下图所示：

C$_1$ 元件　➡️　C$_1$ 选用 100μF/16V 的电解电容，要求漏电小。

| VT$_1$ 器件 | C$_1$ 元件 |
|---|---|
| 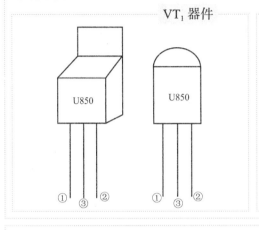 |  |

R$_1$ 元件　➡️　R$_1$ 选用金属膜电阻。

R$_1$ 元件

M$_1$ 元件

M$_1$ 元件　➡️　触摸电极 M$_1$ 可用一只电镀金属螺钉制作，并将其固定在数字式万用表侧面，然后用软导线接至 VT$_1$ 基极。

 **为 DT830 型数字式万用表增加简易自动关机电路**

　　DT830 型数字式万用表无自动关机功能，使用完毕后，必须将量程转换开关置于"OFF"位置，否则，将空耗表内电池，为此，可为其增加一个简易的自动关机电路。

S$_1$、S$_2$　➡️　S$_1$、S$_2$ 是两个微动开关，VT（3DO6）是增强型 NMOS 绝缘栅场效应晶体管。

| 1 | 用手指触动 S$_1$，C 充电，VT 导通，数字式万用表开机 | 2 | 触动 S$_2$，C 放电，VT 截止，数字式万用表关机 | 3 | 如不触动 S$_2$，则 C 经 VD$_1$ 的反向电阻放电 |
|---|---|---|---|---|---|
| 4 | 经 10min 左右，C 上电压低于 VT 的开启电压，使 VT 截止，数字式万用表自动关机 | | | | |

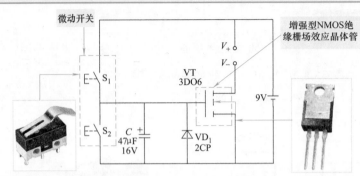

安装时，两个开关$S_1$、$S_2$从电池盒部位的前面板插入，以不影响表内电池的安放为宜。三个元器件可装入万用表表内空隙处。

 **更换断裂的表笔线**

　　市售的万用表表笔导线较粗，但其内部的铜线往往只有十几股甚至几股，因而质地偏硬，使用日久很容易出现折断现象。扁平透明音箱线的芯线多达几十股，且柔软性和绝缘性都很好，非常适合用作表笔线。具体制作方法如下：

| | |
|---|---|
| **1** 取长度适中的双50股以上的扁平透明音箱线一段 | **2** 将一端的两根线扯开10cm左右 |
| **3** 去皮后分别焊接在表笔两插头接线处 | **4** 再灌注少量703硅胶并旋紧插头盖帽 |
| **5** 将音箱线另一端的两根线扯开20cm左右 | **6** 与红、黑表笔（应和红黑插头相对应）焊接后也用703硅胶封固即可 |

采用此法制成的表笔不仅经久耐用，而且十分美观。

 **配置具有夹持功能的表笔**

　　找一嵌压式圆珠笔，取出笔芯，拔下笔头，清除油污。再找一小段 $\phi$1.0mm 左右的铜导线焊在笔头上，套上笔芯塑料管，在适当位置割开塑料管，留下焊接点。笔杆用什锦锉加工，在笔杆上开一个长形孔，焊上导线，表笔即告成功。形状如下图所示：

测量时按压笔杆上端的压帽使笔头勾住被测元器件的引脚即可。

 **改造成适合测量集成电路的表笔**

　　用表笔测量集成电路各引脚电压时很容易滑动，有时还会引起短路，烧坏被测元器件。对表笔稍加改进，即可克服此缺点。现将4个常用的小方法描述如下：

## 方法一

用小锉刀将表笔尖头锉平，再用细钻头在其中间钻一个凹孔，孔径稍小于表笔测针直径，最后用细锉打磨光滑 ➡️ 测试时，表笔测针端头凹孔套在集成电路引脚焊点上，便不会打滑了

## 方法二

用 1.2mm 的医用不锈钢针头一段，长约 3cm，前端锉成约 45°角，形成一椭圆形筒状笔尖，作为表笔测量端，用这个筒状表笔尖能方便、准确地将 IC 焊脚套住，不易滑脱，使测试操作安全可靠。

## 方法三

将表笔锉尖，这样易扎进硬度小的焊锡内，就不会滑开了。

此法还有易刺破氧化层使之接触良好不造成误判的优点。如将大小适宜的医用注射针头的针尖段套在表笔尖上，则更有硬度大和不生锈的优点。也可用透明胶布将缝衣针固定在表笔上。

## 方法四

用自行车气门芯橡皮管或小塑料管套在表笔尖上，使金属笔尖仅露出约 1mm，测量时即使滑开也不致造成短路。

 **为表笔添加鳄鱼夹**

将万用表表笔线头焊接一个香蕉插头，插头上再套一个鳄鱼夹，使用时，将鳄鱼夹夹住所需测试的部位，这样就能腾出手来做其他工作。如下图所示：

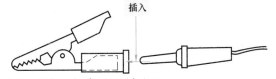

插入

将鳄鱼夹拔下后，可像一般表笔那样使用。

 **使用旧物自制表笔**

找两支废旧签字笔，清除内部残留墨迹。

| | | |
|---|---|---|
| 取下笔杆上盖，并在笔盖上钻一 φ3.5 ～ φ4mm 的小孔，以能穿过导线为准 | **1** **2** | 而后把笔尖拔出，再用针把笔尖内的脏物挑干净，放点焊油，把准备好的表笔导线端头插入笔尖内的小孔处焊牢 |
| 焊牢后把笔尖再装到笔杆上，并将表笔导线穿过笔杆和笔盖 | **3** **4** | 导线另一端焊在与万用表插孔相配合的香蕉插头上，这样一对实用的表笔就做好了 |

使用此表笔检测电视机、录像机、计算机的电路芯片时，具有灵活、方便、安全、可靠的特点。

# 第4章

## 电气检修中万用表的使用

# 4.1

## 使用万用表检测电气与电子线路

第4章

### 4.1.1 使用万用表检测墙体中的导线接头

在装修房屋时以及当墙体中输电线路出现故障时，多遇到暗线及接线盒内线头多、无法由颜色区分故障线的情况，此时可用万用表加以判断。

| 1 | 将万用表打到"R×1"档 | 2 | 若两个接线盒之间的距离太远，表笔无法直接碰到两个接头上 | 3 | 可用一根导线接在一个表笔上，然后两人配合 |
| --- | --- | --- | --- | --- | --- |
| 4 | 分别测量两接线盒中导线接头的电阻 | 5 | 若两接头的电阻为零或万用表的蜂鸣器鸣叫（数字式万用表置"·))·→·"档），则这两接头是同一根导线 | | |
| 6 | 变换接头逐一排查 | 7 | 若某两接头应为一线，而电阻始终为无穷大，则这根导线中间断路 | | |

检测方法如下图所示：

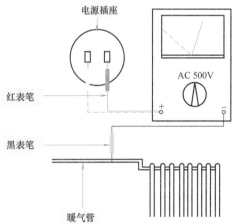

在线路维修中，发现同一个接线盒中的两个接头间电阻为零，说明两导线在线管中由于负荷太大，使导线绝缘层烧坏，造成两根导线短路。

### 4.1.2 使用万用表测量电烙铁的电阻及功率

电烙铁是常用的焊接工具，它的寿命与质量如何，单从表面是看不出来的，要进行实际的测量才能得知。

电烙铁的冷态电阻和它的功率对应关系见下表：

| 功率/W | 20 | 25 | 35 | 50 | 100 |
| --- | --- | --- | --- | --- | --- |
| 冷态电阻/kΩ | 2.4 | 1.97 | 1.4 | 0.95 | 0.47 |

电烙铁的好坏可通过测量冷态电阻判断

若冷态电阻小于
1.4kΩ,说明该电
烙铁功率大于35W

若电烙铁冷态电阻
大于1.4kΩ,说明该电
烙铁功率不足35W

冷态电阻
判断结果

若冷态电阻远小于它
的对应值,则此电烙
铁的寿命不会太长

若冷态阻值为无穷大,
则此电烙铁的内部加
热丝断路损坏

若冷态电阻为零,说
明内部接线出现短
路故障

在带电情况下测量热态电阻不太方便，最简便的方法如下：

**1** 将电烙铁插电　　**2** 当经过一段较长
时间后　　**3** 电烙铁温度已经升至工作温度（此时温度已经不再升高）

**4** 拔下电烙铁电源插头迅速测量其电阻　　**5** 得到电烙铁的热态电阻

计算电烙铁的实际功率

　　电烙铁的功率和它热态电阻的关系是 $P=U^2/R$ 或 $R=U^2/P$。根据实际测量的电源电压值和电烙铁的热态电阻，就可以算出电烙铁的实际功率。

　　例如标注为 25W 的电烙铁，实测工作电压为 220V，它的热态电阻测量为 1930Ω，则它的实际功率为

$$P=\frac{U^2}{R}=\frac{220^2}{1930}\text{W}\approx25.1\text{W}$$

### 4.1.3　利用万用表对纽扣电池充电

　　纽扣电池是比较常见的电源，但有些特殊纽扣电池电能用完后，可通过对其充电的方法进行再利用。

纽扣电池的外形

简单的纽扣电池充电方法如下图所示：

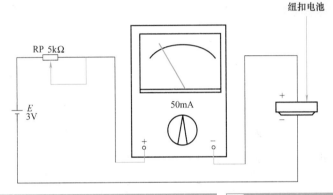

纽扣电池

RP 5kΩ

50mA

E
3V

| 1 | 将两节1号电池和万用表串联后再串联5kΩ左右的电位器 | 2 | 把万用表的量程选择开关拨到直流50mA档 |

| 3 | 充电开始时，调节电位器，将充电电流调到25mA | 4 | 当充电电流降至几毫安时，证明充电完毕 | 5 | 需放置一天观察电池不漏液、不变形后才可继续使用 |

>> 特殊提示

纽扣电池因体形较小，故在各种微型电子产品中得到了广泛的应用，从电池的背面可以看到相应的标记：LR--- 碱性 --1.5V；SR--- 氧化银 --1.55V；CR--- 锂电 --3V；ZA--- 锌空 --1.4V。

# 4.2
## 使用万用表检测电动机

第4章

### 4.2.1　使用万用表简易判断电动机的极数

使用一些旧电动机时，往往因其失掉铭牌或铭牌模糊不清，以致无法辨认它的转速数据。当没有转速表时，可采用万用表来判断电动机的极数。

使用万用表来判断电动机的极数，简便易行，并可避免转速表测试时接电源的麻烦。

将电动机的六个接线头全部分开，取其中一相绕组的两个线头，分别接到万用表最小直流毫安档（如 5mA 档或 50μA 档）的两端，如右图所示：

用手缓慢、匀速地旋转电动机转轴一圈，此时应注意表针左右摆动的次数，即从零位开始，表针向右偏转，后又向左偏转，又回到零位的次数。

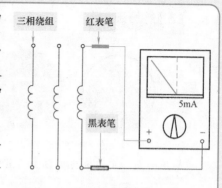

三相绕组　　红表笔　　黑表笔　　5mA

若表针摆动一次，即电流方向改变两次，说明此电动机为二极，转速是3000r/min —→ 若表针摆动两次，即电流方向改变四次，说明是四极电动机，转速为1500r/min

以此类推，就可知道电动机的极数和转速。

注意：摆动次数以转轴转动一圈为准，测试时反复几次，直到确定为止。

##  4.2.2　测算三相电动机的转速

测三相电动机转速的电路如右图所示：

图中，万用表用 50μA 档（也可用 5mA 档）。将它与三相定子绕组中任意一相绕组接好，然后用手慢慢转动电动机转子，使转子匀速旋转一周。

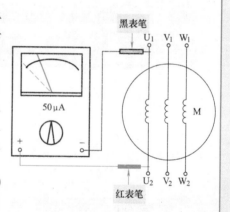

黑表笔　$U_1$ $V_1$ $W_1$　50μA　M　$U_2$ $V_2$ $W_2$　红表笔

由于使用过的电动机总存在着一定的剩磁，转子转动时切割磁力线，在定子绕组上就感应出电动势，电流表上就有电流流过，使表针左右摆动，摆动次数正好就是电动机的磁极对数 $p$。

可用转子同步转速公式 $n=60f/p$（r/min）求出转子的同步转速。转子的转速只由电源频率 $f$，和电动机磁极对数 $p$ 决定。

例如转子旋转一周，万用表指针左右摆动两次，说明电流方向改变了四次，为四极电动机。磁极对数为2，电动机的同步转速为

$$n=\frac{60f}{p}=\frac{3000}{2}r/min=1500r/min$$

由于电动机的实际转速小于同步转速，一般比同步转速低2%～3%，这样就能方便地算出转子的实际转速。

### 4.2.3 绕组断路故障的检测

断路故障多数发生在电动机绕组的端部、各绕组元件的接线头或电动机引出线端等处。

故障原因：绕组受外力作用而断裂，接线头焊接不良而松脱，绕组短路或电流过大而烧断。如果一相绕组烧断，电动机便成为单相而不能起动；若运行中烧断成为单相，则在完好两相绕组中的电流猛增，如不及时发现停机，则电动机很快就会烧坏。

用万用表"R×1"档在电动机接线盒中便可查出断路的绕组，如下图所示：

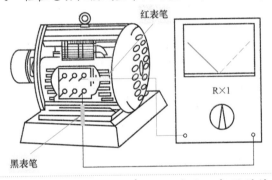

星形联结电动机方法测试如下图所示：

对于三角形联结的电动机，必须把三相绕组的接线拆开后每相分别测试，如下图所示：

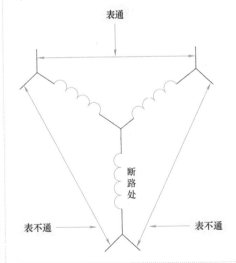

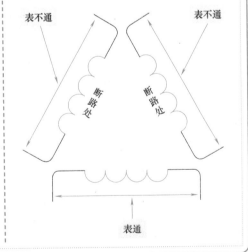

### 4.2.4 绕组多根断线的检测

在电动机绕组的端部有多根断线，它们之间怎么连接？需细心查出并对应相接，否则接错线后电动机将会自行短路。

检查的方法如下图所示：

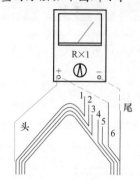

断线头的连接如下图所示：

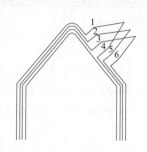

　　线圈端部有三根断线，利用万用表"R×1"档检查，发现1、2、3端与首端相通的断头为1；4、5、6端与尾端相通的断头为6。这样断头1与6不能接在一起。再测出两根对应相通的断线端，如2与4相通，3与5相通。

　　开始从1接起，根据两对应又不相通的断线头接在一起，最后接6的原则，将1与4接在一起、2与5接在一起、3与6接在一起，如此绕组即可修复。

##  4.2.5　绕组短路故障的检测

　　绕组短路（相邻两条导线之间绝缘损坏致使两导体相碰）的主要原因是电动机电流过大、电源电压变动过大、单相运行、机械碰伤、制造不良等造成的绝缘破坏。

### 绕组短路故障

| 相间(不同相的绕组间)短路 | 匝间(同一绕组相邻线匝间)短路 | 匝间(同一绕组相邻线匝间)短路 | 线圈(同一线槽内的线圈与线圈间)短路 | 线圈组间(一个线圈组与另一个线圈组)短路 |
|---|---|---|---|---|

　　造成绕组短路后，定子的磁场分布不均匀、三相电流不平衡而使电动机运行时振动和噪声加剧，严重时电动机不能起动，而在短路线圈中产生很大的短路电流，导致线圈迅速发热，甚至烧坏。

　　绕组短路比较严重的电动机，可用万用表"R×1"档测量各绕组的直流电阻来判断。

分别测量各相绕组的直流电阻，阻值较小者，即可能是短路绕组

由于电动机每相绕组的阻值都很小，一般用低阻欧姆表或电桥进行测量

　　为准确起见，可每次测量两相串联后的阻值，检测方法可分为星形、三角形联结，如下图所示：

星形联结

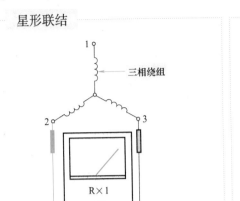

三角形联结

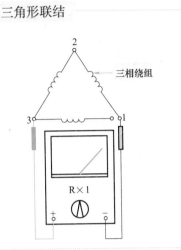

　　星形联结各绕组的阻值可由下式计算：

$$R_3 = \frac{R_{1-3} + R_{2-3} - R_{1-2}}{2}, \quad R_1 = R_{1-3} - R_3, \quad R_2 = R_{1-2} - R_1$$

# 4.3
## 使用万用表检测电气控制线路

第 4 章

## 4.3.1　使用万用表检测电气线路故障的常用方法

　　用万用表检测电气故障的方法有测量电压法、测量电阻法、测量电流法、测量电位法。

### 测量电压法

测量电压法　➡　　用万用表交流 500V 档测量电源、主电路电压以及各接触器和继电器线圈、各控制回路两端的电压。

　　若发现所测处电压与额定电压不相符（相差超过 10%），则为故障可疑处。

### 测量电阻法

测量电阻法　➡　　断开电源，用万用表测量有关部位的电阻。

　　若所测电阻与要求的电阻相差较大，则该部位极有可能就是故障点。

| 1 | 触点接通时，电阻趋近于"0" | 2 | 断开时电阻为"∞" | 3 | 导线连接牢靠时连接处的接触电阻也趋于"0" |
|---|---|---|---|---|---|
| 4 | 连接处松脱时 | 5 | 电阻则为"∞" | 6 | 各种绕组（或线圈）的直流电阻也很小 |
| 7 | 往往只有几欧至几百欧 | 8 | 而断开后的电阻为"∞" | | |

### 测量电流法

测量电流法  用钳形电流表或交流电流表测量主电路及有关控制回路的工作电流。

若所测电流值与设计电流值不相符（相差超过10%），则该支路为故障可疑处。

### 测量电位法

在不同的状态下，电路中各点具有不同的电位分布，可以通过测量和分析电路中某些点的电位及其分布，确定电路故障的类型和部位。

## ◆ 用万用表分阶分段的电阻测量法

### 分阶测量法

按下 SB$_2$，KM$_1$ 不吸合，说明电路有断路故障，控制线路图见下页。
分阶测量法检测故障电路如下图所示：

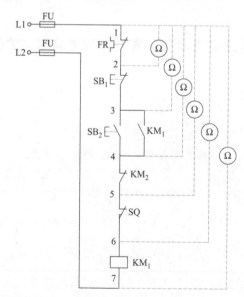

首先断开电源，然后按下 $SB_2$ 不放，用万用表测量1、7两点间（或线号间）的电阻，若电阻为无穷大，说明1、7间电路断路。

分阶测量1与2、1与3、1与4、1与5、1与6各两点间的电阻。

若某两点间电阻为0，说明该两点间电路正常

如测到某两点间电阻为无穷大，说明该触点或连接导线有断路故障

## 分段测量法

检查时，先断开电源，按下 $SB_2$，然后依次逐段测量相邻两线号1与2、2与3、3与4、4与5、5与6、6与7间的电阻。检测故障电路如下图所示：

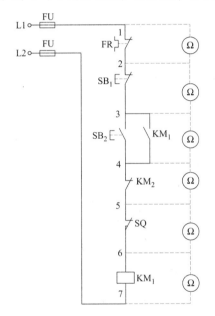

若测得某两线号间的电阻为无穷大，说明该触点或连接导线有断路故障。如测量2、3两线号间电阻为无穷大，说明按钮 $SB_1$ 或连接 $SB_1$ 的导线有断路故障。

## 用万用表分段的电压测量法

### 对控制电路进行分段

检查时将万用表的量程转换开关置于交流500V档位上。

对控制电路进行分段，若按下起动按钮 $SB_2$，接触器 $KM_1$ 不吸合，说明控制电路有故障，这时可把控制电路分成Ⅰ、Ⅱ、Ⅲ三个段，如下图所示：

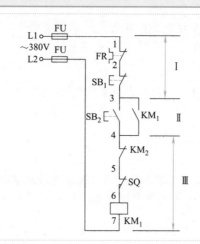

分段测量确定故障范围

首先用万用表测量 $U_{1-7}$（即1、7两点电压，以下表示法类似）是否等于380V，若不等于380V，说明电源部分有故障，则应排除电源部分故障，以保证控制电路两端电源电压正常；然后对三段电路进行测量，来确定分段电路中哪一段存在故障。具体测量步骤如下：

| | | |
|---|---|---|
| **1** 按下 $SB_2$，观察 $KM_1$ 是否吸合 | **2** 若 $KM_1$ 吸合，则故障在主电路；若 $KM_1$ 不吸合，则故障在控制电路 | **3** 用万用表测 $U_{1-7}$ 是否为380V |
| **4** 若不是，则电源部分有故障 | **5** 若是380V，再测量 $U_{1-4}$ 是否为380V | **6** 若是380V，则1、4段电路有故障；若不是380V，则故障点在4、7段 |
| **7** 按下 $SB_2$，再测量 $U_{1-3}$ 是否为380V | **8** 若是380V，则1～3段电路有故障 | **9** 若不是380V，则1～3段电路无故障 |

**10** 故障一定在3、4段电路之间，故障元器件有 $SB_2$ 及连接导线

 **4.3.2 断路故障的检修**

电路断路故障是指电路的某一个回路非正常断开，使电流不能在回路中流通的故障。断路的最基本表现形式是回路不通，如断线、电接触不良等，在某些情况下，断路还会引起过电压，断路点产生的电弧还可能造成电气火灾和爆炸事故。

电路必须构成回路才能正常工作。电路中某一个回路断路，往往会造成电气装置部分功能或全部功能的丧失。检修断路故障时，首先要确定断路故障的大致范围，即在哪些线段，在哪些情况下容易发生断路故障。

电接触点是断路故障多发点，其中有导线相互连接点、导线受力点、铜铝过渡点、虚接点和虚焊点。电接触点处灰尘有时也能造成断路故障。

 **检修断路故障的方法**

　　首先判断是否是断路故障，再确定断路故障的范围和断路回路，然后利用万用表找出断路点。万用表查找断路点的方法如前述检测一般电气故障的电压法、电位法、电阻法。

---

### 电压法

　　电路断开后，电路中没有电流通过，电路中各种降压元件已不再有电压降落，电源电压全部降落在断路点两端。因而可通过测量断路点的电压判断出故障点。简单电路如下图所示：

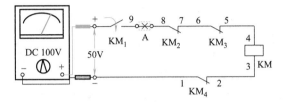

| 电源电压为直流50V，通过常开触点KM$_1$和常闭触点KM$_2$、KM$_3$、KM$_4$，对电磁线圈KM进行控制。万用表选择直流100V档位 | → | 假定电路在A处在断路故障点，当常开触点KM$_1$为闭合(或采用导线短接)后，电磁线圈KM仍不能工作 |

| **1** 将万用表红表笔与电源"+"极相连 | **2** 黑表笔与电源"-"极相连 | **3** 万用表指示应为50V |
|---|---|---|
| **4** 然后移动黑表笔，依次与端点1、2、3、4、5、6、7、8相连 | **5** 若万用表指示也为50V，则说明这些点至电源"-"极的电路无断路故障 | |
| **6** 当黑表笔移动至端点9时，万用表指示为零，则断路故障就在8、9之间 | **7** 再测量8、9间的电压 | |
| **8** 电压值必与电源电压相等，进而可判断该电路只有A处一个断路故障点 | | |

---

### 电位法

　　电路出现断路故障，断路点两端电位不等，断路点一端的电位与电源一端的电位相同，断路点另一端的电位与电源另一端的电位相同，因而可以通过测量电路中各点电位判断断路点。也可以用试电笔测量（显示）电路中各点的电位来判断断路故障。

　　电位法主要适宜于一根相线（高电位线）和一根零线（低电位线）的单相交流电路。对于直流电路也可采用，因为用试电笔检测正、负极时，正极比负极明亮一些。

电阻法

电路出现断路故障后，断路点两端电阻为无穷大，而其他各段的电阻近似为零，负载两端的电阻则为某一定值。

因此，可以通过测量电路各段间的电阻来查找断路点。检测电阻一般采用万用表电阻档。以下图为例，假定电路在 B 点发生断路故障，查找的步骤如下

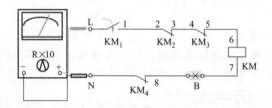

| 1 | 断开电源，将万用表置于"R×10"档或"R×1"档 | 2 | 红表笔接于电路中的 L 点，黑表笔接于 1 点，由于 L 和 1 之间为常开触点，应手动将其闭合后再断开，观察表头指示，以检验此触点是否正常 |
|---|---|---|---|

| 3 | 将常开触点 $KM_1$ 短接，然后依次将表笔接于 2～8 点 | 4 | 在 7 点处，万用表指示电阻为线圈 KM 的电阻 $R_{KM}$，即 $R_{1-7}=R_{KM}$ | 5 | 在 8 点处，万用表指示电阻为"∞"，则此处故障 |
|---|---|---|---|---|---|

 ### 4.3.3 短路（短接）故障的检修

电路中不同电位的两点被导线（体）短接起来或者其间的绝缘被击穿，造成电路不能正常工作的故障，称为短路故障，某些情况下也称为短接故障。

以下图为例，负载 R 是电路中的主要降压元件，即电路工作时，电源电动势主要降落在负载两端（$A_1$、$A_2$ 之间），$A_1$、$A_2$ 是电位不等的两点，若 $A_1$、$A_2$ 被导线短接，则电路不能工作，这就是短路故障。

短路和短接故障如下图所示：

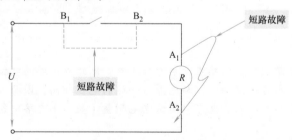

图中，开关断开时，$B_1$ 和 $B_2$ 两点电位不同；开关闭合时，$B_1$ 和 $B_2$ 两点为等电位。

如果 $B_1$、$B_2$ 之间被导线短接，将造成电路不能断开的故障，这也是短路故障。

在电路中主要降压元件是负载（如电热器、电动机、线圈等），电路正常工作时，负载两端的电位差最大，因而负载两端短路是最严重的短路故障。

电路工作时，元件均处于闭合状态，元件两端电位相同　　　　当其中某一元件断开时，断开元件两端电位不同

当各元件中的任何一个发生短路故障时，都会使电路不能正常工作，如下图所示：

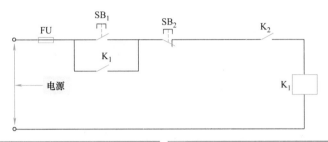

| 1 | 上面的电路如果熔断器 FU 被短接，电路失去过载和短路保护 | 2 | 启动按钮 SB₁ 被短接，只要有电源，电路就工作，无法对电路进行控制 |
|---|---|---|---|
| 3 | 停止按钮 SB₂ 被短接 | 4 | 电路无法断开，也就不能停止工作 | 5 | 联锁触点 K₂ 被短接，电路将失去联锁功能 |
| 6 | 即 K₂ 不工作，K₁ 也能工作，这将引发更严重的故障 | | |

### 4.3.4　电动机正反转控制电路的检测

电动机的正反转控制电路在工程建设和生产中经常用到。电动机正反转控制电路因接头较多，在新装或重修后，有可能把线路搞乱出错。

**电动机正反转控制电路原理**

电动机要实现正反转控制，将其电源的相序中任意两相对调即可（我们称为换相），通常是 V 相不变，将 U 相与 W 相对调，为了保证两个接触器动作时能够可靠调换电动机的相序，接线时应使接触器的上口接线保持一致，在接触器的下口调相。由于将两相相序对调，故需确保两个 KM 线圈不能同时得电，否则会发生严重的相间短路故障，因此必须采取联锁。

**电动机正反转控制电路的主要电气元件**

主要电气元件：按钮开关 3 个，接触器 2 个，热过载 1 个，最好加 3 个熔断器用于保护 3 条相线。

万用表采用电阻法进行检测，可避免事故的发生，控制电路如下图所示：
将万用表拨在 "R×100" 档，在正常情况下，控制回路各点间的电阻见下表：

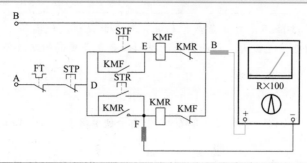

| 测试部位 | 测试步骤 | A-D | D-E | D-F | E-B | F-B |
|---|---|---|---|---|---|---|
| 正转 KMF 回路 | 万用表测各点间的电阻 | 0 | ∞ |  | 1300Ω |  |
| 反转 KMR 回路 | 万用表测各点间的电阻 | 0 |  | ∞ |  | 1300Ω |
| 检查互锁支路 | 取下 KMR 的灭弧罩，用力按下 KMR 主触点。断开 KMR 常闭辅助触点 | — | — |  | ∞ | — |
| 检查互锁支路 | 取下 KMF 的灭弧罩，用力按下 KMF 主触点，断开 KMR 的常闭辅助触点 | — | — |  |  | ∞ |

　　如果线路接错，出现与表中所列阻值不符的情况时，绝对不能通电试机。

　　表中所列的电阻（1300Ω）是 CJ10-10 型交流接触器的线圈阻值，其线圈额定工作电压为 380V，如果额定电压为 220V 的或是其他型号的接触器，则需要用万用表测一下接触器线圈电阻，然后再按以上步骤测量各测试点的阻值。

# 第 5 章

# 使用万用表检修家用电器

# 5.1
## 照明线路的检测

### 5.1.1 用万用判断市电零线及相线

　　数字式万用表交流电压 (ACV) 档的灵敏度很高，能够感应到微弱的电压信号并显示在显示屏上。使用数字式万用表 ACV 档时，用感应法寻找交流市电的相线，具有直观、迅速、准确和安全的特点。

 **接触测量**

| 1 将数字式万用表置于交流 20V 档（或交流 2V 档） | 2 取下黑表笔，将红表笔插入"V/Ω"插孔 | 3 用红表笔笔尖依次触碰电源插座上的两个插孔 |
|---|---|---|

**4** 其中显示值较大的一次所触碰的是相线，另一次所触碰的则是零线。接线方法如下图所示

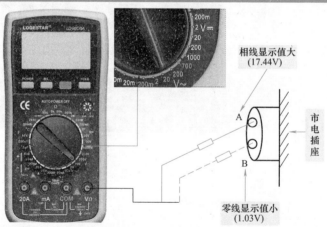

相线显示值大 (17.44V)

市电插座

零线显示值小 (1.03V)

**使用数字式万用表，置于 AC 20V 档：**
红表笔笔尖接触电源插孔 A 时，显示值为 17.44V，接触插孔 B 时显示值为 1.03V，由此判断前者为相线，后者为零线

**改用 AC 2V 档时：**
当用红表笔笔尖接触电源插孔 A 时显示溢出，说明感应电压已超过 1.999V；用红表笔笔尖接触插孔 B 时，显示值为 0.881V

>> **特殊提示**

　　用红表笔触碰到零线时会显示较小的电压值。这是因为悬空的"COM"插孔对地存在分布电容，能感应出微弱的 50Hz 干扰信号。假如当用红表笔分别触及两个电源插孔时，两次显示值接近，而且都比较大，说明零线已对地开路，只是因为零线紧挨着相线，所以也能感应出交流电压。

**非接触测量**

有时，需要从室内照明线 ( 塑料线、胶皮线等 ) 中寻找相线。这时，可不必剥去电线的绝缘皮，用数字式万用表采用非接触内部导线的方法即可准确无误地判定相线。

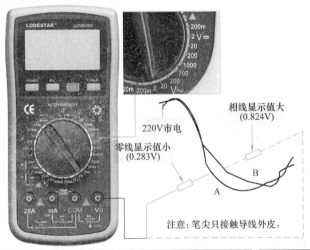

相线显示值大
(0.824V)

220V市电

零线显示值小
(0.283V)

B

A

注意：笔尖只接触导线外皮。

| 1 | 数字式万用表置于交流 2V 档，从两股塑料电线中寻找相线 | 2 | 先把被测处的两根电线拉开 2～3cm | 3 | 用红表笔笔尖接触电线 A，读数为 0.283V |
|---|---|---|---|---|---|

| 4 | 再用红表笔笔尖接触电线 B，读数为 0.824V。因 0.824V 电压较高，故电线 B 是相线 |
|---|---|

## 5.1.2　线路负载的检测

常见的照明电路有荧光灯（俗称日光灯）、调光灯、白炽灯、碘钨灯、高压水银灯、高压钠灯等负载。这里主要介绍调光灯、应急灯的检测方法。

**调光灯的检测**

调光灯比普通台灯多一块装着电子元器件的线路板，它是用来调节灯光亮度的调光器。

目前市场上调光灯的品牌很多，其核心组件"调光器"的电路大致相同，这里以 BT487 型台灯为例，介绍怎样用万用表对它进行检测。

调光灯电路原理图如下所示：

电路中灯泡 EL 与线圈 $L_1$、双向晶闸管 VS 和开关 SB 相串联，接在 220V 交流电网上。双向触发二极管 BD 接在 VS 的门极 G 上。

前面电路送来的触发信号通过双向触发二极管 BD 加到 VS 的门极 G 上时，就能改变晶闸管 VS 的导通时间，调节灯的亮度。电位器 $RP_1$ 用来调节触发信号，也就是亮度调节旋钮。

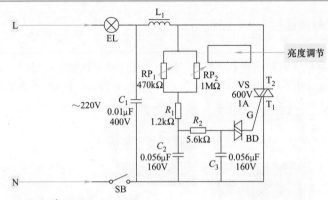

调光灯元器件安装位置如下图所示：

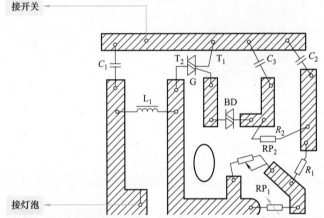

　　在调光灯不亮的故障检测中，首先检查灯泡、插头、电线等，若它们都正常，最后再对调光器进行检查。

| | |
|---|---|
| **1** 拆开调光器，将台灯接上电源，并将调光旋钮旋到中间位置 | **2** 用万用表的交流电压档（≥250V）测量晶闸管 VS 的 $T_1$、$T_2$ 两极间的电压 |

| | | |
|---|---|---|
| **3** 若读数是 220V，说明晶闸管完全没有导通 | **4** 将台灯断开电源 | **5** 将晶闸管解焊 |

| |
|---|
| **6** 经检查是晶闸管门极断路。换一只新的晶闸管，电路正常工作 |

　　有时会遇到晶闸管是好的，接着检查电容 $C_2$、$C_3$ 是否击穿，其方法如下：

| | | | |
|---|---|---|---|
| **1** 取一台调压器并调到"0"位 | **2** 将台灯电源线接在调压器的二次侧 | **3** 用一根导线将 $C_2$ 的上端与地短接 | **4** RP$_2$ 保持不动 |

| | | | |
|---|---|---|---|
| **5** 将 RP$_1$ 调至电阻最大值 | **6** 接通调压器电源 | **7** 将调压器输出电压调至 22V | **8** 测量 $R_1$ 的端电压并将其记录下来 |

| | | |
|---|---|---|
| **9** 断电，取消 $C_2$ 的试验短路线 | **10** 将该线改接到 $C_3$ 两端 | **11** 接通电源 |

| | | |
|---|---|---|
| **12** 用万用表交流电压档测量 $R_2$ 的端电压 | **13** 切断试验短路线 | **14** 分别测量故障状态下 $C_2$、$C_3$ 的端电压并记下 |

| | |
|---|---|
| **15** 若 $C_2$ 的端电压较正常值高,可能是电容 $C_2$ 的容抗增大 | **16** 若 $C_2$ 的端电压较正常值低,则电容 $C_2$ 的容抗减小,说明有漏电流存在 |

**17** 若 $C_2$ 端电压等于试验电压,说明电容 $C_2$ 内部短路

 **应急灯的检测**

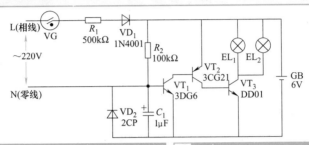

| | |
|---|---|
| **1** 电路的关键是 $VD_2$ 及 $C_1$,它们与电池组的负极相连 | **2** 在直流通路中,确保了 $VT_1$ 正偏导通 |

**3** $R_2$、$C_1$ 组成的是延时网络,只有 $C_1$ 上充电到一定电压时 $VT_1$ 才导通、接着 $VT_2$、$VT_3$ 先后导通,两灯才会点亮.

**4** 停电后,氖泡、$R_1$ 就不工作了、$VD_1$ 反向截止,防止直流馈入电网

　　上述比较老的应急灯电路,是为应对频繁停电地区的居民或工厂值班人员不影响生活或工作而必备的照明工具。常用应急灯电路如下图所示:

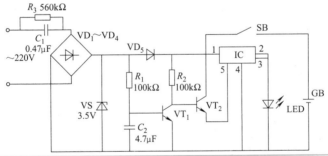

 **5.2**
**电加热器的检测**

 第5章

 **5.2.1 电加热器的典型应用**

　　电加热器能够在供电后开始发热,它不仅广泛应用在热水器、电饭锅、电炒锅、饮水机上,在大家电比如电冰箱、空调器中还用它进行化霜或辅助加热。

电加热器按功率分为大功率加热器、中功率加热器和小功率加热器3种，按结构分为电加热管、裸线式加热器和PTC加热器3种。

　　常见的电加热器实物如下图所示：

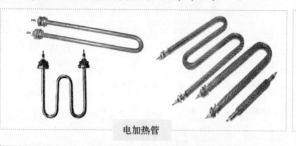

电加热管

PTC加热器

 **5.2.2　电加热器的检测**

　　检测电加热器时，先查看它的接头有无锈蚀和松动现象，若有，修复或更换；若正常，用万用表的电阻档测它接线端子间的阻值，若阻值为无穷大，则说明它已开路。而对于裸线式加热器，有的故障通过直观检查就可以发现，若直观检查正常，再用万用表进行检测。

| 1 | 将数字式万用表置于200MΩ档或将指针式万用表置于"R×10k"档 | 2 | 一个表笔接电加热器的引脚，另一个表笔接到电加热器的外壳上，正常时阻值应为无穷大，否则说明它已漏电 |
|---|---|---|---|

　　采用数字式万用表检测电饭煲电加热器（发热盘）的示意图如下图所示：

通断的检测

此时检测应为无穷大，即显示"1"

绝缘性能的检测

万用表显示为"1"

| **3** | 对于电加热器的更换，要看在不同的设备上是否预留了更换的接口 | **4** | 有些设备如电饭煲等小家电，由于价格低廉，制作简单，都没有提供更换的元件配给 |
|---|---|---|---|

| **5** | 所以修理这类家电时与其更换此单一元件，不如直接整个更换来得更容易些 | | |

对于一些大型家电，如空调、电冰箱等，这些电加热器的接口端是用固定螺栓连接的，更换时操作比较简单，只需要将新的电加热器用螺钉旋具固定即可。

 ## 5.2.3　电饭煲的性能检测

电饭煲具有省时省力、清洁卫生、无污染等优点，因此，自问世以来越来越受到人们的欢迎，使用者数量在迅速增加。如果电饭煲的导电或绝缘性能降低，则有可能给人体或设备的安全带来威胁，因此对电饭煲的性能需要进行检测。

典型电子保温式电饭煲的电路原理图如下图所示：

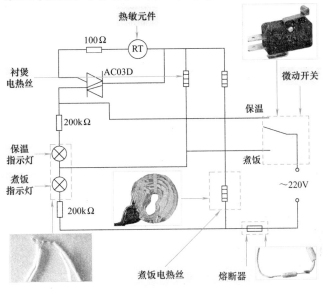

电子元器件和指示灯均装在一块印制电路板上，感温热敏元件和熔断器则装在保温层与衬煲之间。电饭煲通过感温元件控制晶闸管的导通与关断，再通过晶闸管控制电热器、电路的通断，从而实现自动恒温加热的目的。

| 检查电饭煲的加热情况 | 检查电饭煲的绝缘情况 |
|---|---|
| 将万用表的量程转换开关旋转至"R×10"档，两表笔接触电饭煲电源插头的两脚，阻值应在 50～90Ω 之间，否则应更换。 | 将万用表的量程转换开关旋转至"R×1k"或"R×10k"档，两表笔分别接触电饭煲的带电部位和外壳，测试其绝缘电阻。此时，指针应指示在无穷大"∞"位置，否则说明绝缘性能降低，应继续查找原因。 |

**5.2.4　电熨斗的性能检测**

电熨斗已成为现代家居生活中必不可少的小电器，它是利用电能转换成热能的典型设备。

电熨斗常出现电热丝烧断或内部接线不良，云母电热丝受潮或漏电、绝缘材料老化，调温器的弹簧片偏高或偏低，调温器的触点粘连等故障，这些故障都需要把电熨斗拆开检查、修理。

本小节着重介绍用万用表检查和排除电熨斗的典型故障的方法。

**电熨斗忽凉忽热**

产生这种故障的原因主要有三种。

| 电源插座和电熨斗插头接触不良，接通电源后电路时通时断 | 电熨斗电源接线内部有折断现象，造成时通时断 | 电熨斗内部接线接触不良 |
| --- | --- | --- |
| 排除此种故障的方法是：拆开插座，用砂纸打磨插座里的铜片并适当调整它的位置，再打磨插头，使插头与插座接触良好。 | 排除此种故障的方法是：用万用表电阻档仔细检查折断的导线，再接通折断处导线。 | 排除此种故障的方法是：拆开电熨斗，检查各个连接处，使它们接触良好。 |

总之，造成电熨斗忽冷忽热的原因是电路中有接触不良的现象。

**电熨斗不热**

造成电熨斗不热的原因可能是熔断器熔断，应该更换新熔断器。如果更换后又熔断，说明电源线或电熨斗内部有短路现象

排除此种故障的方法是：用万用表电阻档检查电源线或拆开电熨斗检查内部短路点，进行修复

云母电热丝或电热管的电热丝烧断。检查此种故障的方法如下图所示：

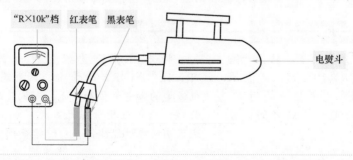

"R×10k"档　红表笔　黑表笔　电熨斗

测量电熨斗绝缘电阻值的方法是将万用表的量程转换开关旋转至"R×10k"档，一只表笔接电源插头，另一只表笔接电熨斗的外壳

正常时，绝缘电阻值应为无穷大。在冷态时，一般应为 1 ~ 5MΩ。若绝缘电阻值下降，则有漏电现象。漏电的电熨斗不仅通电后不热，而且不安全

## 5.3
## 制冷电器的检测

第 5 章

### 5.3.1 制冷电器的典型应用

1834 年，美国人 J. 帕金斯在封闭系统中利用易挥发的乙醚液体汽化制冷，并获得专利。这台装置由手动压缩机、水冷式冷凝器和装在液体冷却器内的蒸发器组成。

如今的制冷电器随处可见，小到家用电冰箱、电冰柜、空调，大到商用冷库、中央空调。这些制冷电器虽然外观不同，但其制冷原理却大同小异。

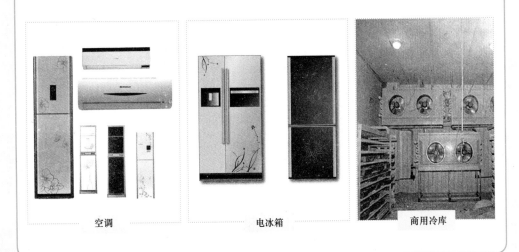

空调　　　　　　　电冰箱　　　　　　商用冷库

### 5.3.2 压缩机的检测

首先介绍制冷电器中的核心器件——压缩机。常用的家用制冷设备的压缩机外形如下图所示：

压缩机工艺管口
压缩机接线端子
储液罐

## 旋转式压缩机

旋转式压缩机又称为回转式压缩机。旋转式压缩机有单转子和双转子两种。

### 单转子旋转式压缩机

单转子旋转式压缩机由气缸、转子（环形转子）、偏心轴（曲轴）、绕组等组成，如下图所示：

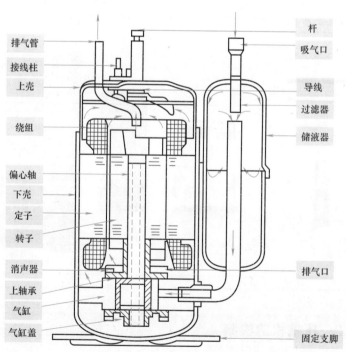

排气管
接线柱
上壳
绕组
偏心轴
下壳
定子
转子
消声器
上轴承
气缸
气缸盖

杆
吸气口
导线
过滤器
储液器
排气口
固定支脚

偏心轴与电动机转子公用一根主轴，转子套在偏心轴上，轴的偏心距与转子半径之和等于气缸半径。

当偏心轴随转子转动时，带动环形转子以类似内啮合齿轮的运动轨迹，沿气缸内壁滚动，形成密封线，从而将气缸内分隔成高压和低压两个密封腔

当低压腔容积增大时，通过回气管吸入制冷剂；当低压腔容积减小时，通过排气管排出制冷剂

### 双转子旋转式压缩机

双转子旋转式压缩机最大的特点就是有两个气缸，利用一块隔热板将两个气缸分开，并且两个气缸互为180°，如下图所示：

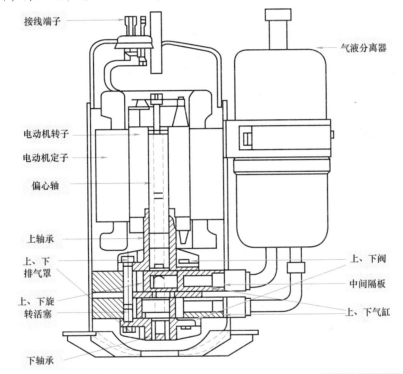

### 旋转式压缩机的特点

旋转式压缩机的特点：

| | | | |
|---|---|---|---|
| **1** 重量轻、体积小、可靠性高 | | **2** 配套电动机转子、定子间的气隙间隙小，减少了残留气体的膨胀损失，节能效果好且效率高 | |
| **3** 运转平稳，噪声低 | | **4** 不像往复式压缩机需要设置吸气阀，避免了吸气阀产生的故障 | |

由于旋转式压缩机的机械零件加工工艺复杂、要求精度高，亦需要配套的电动机转矩大，而且工作温度高，达到99～110℃。

## 涡旋式压缩机

涡旋式压缩机的构成

涡旋式压缩机由背压腔、定涡旋盘（涡旋定子）、动涡旋盘（涡旋转子）、吸气腔、吸气管、排气管等组成，如下图所示：

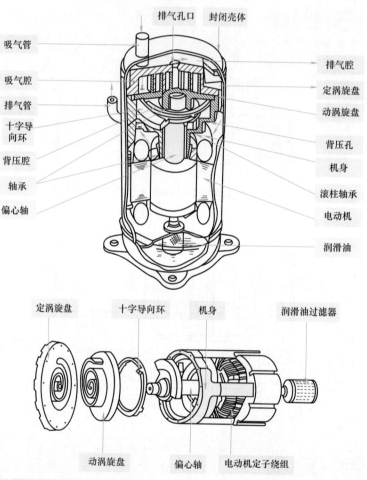

定涡旋盘与动涡旋盘的运动原理

| | | |
|---|---|---|
| **1** 当涡旋式压缩机工作时，定涡旋盘不动 | **2** 动涡旋盘绕着定涡旋盘中心以偏心距为半径做旋转运动 | **3** 动、定涡旋盘的相对运动，使进入的气体受到挤压作用 |
| **4** 同时又有气体从回气管被吸入 | **5** 当动涡旋盘公转时，两盘相啮合，使月牙形空间不断缩小 | **6** 气体不断地被压缩而压强增大，最后通过定涡旋盘中心的排气孔排出 |

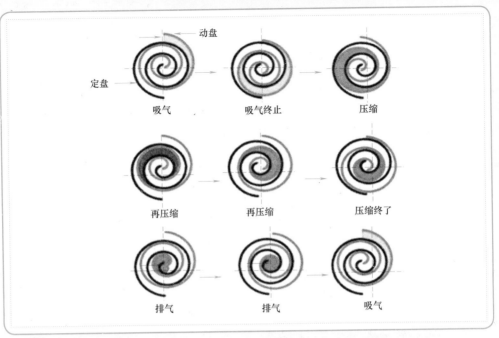

动盘

定盘

吸气　　　　吸气终止　　　　压缩

再压缩　　　　再压缩　　　　压缩终了

排气　　　　排气　　　　吸气

　**用万用表检测压缩机**

测试任意两个接线端子之间的电阻值，电阻值为0Ω时说明绕组短路，电阻值无穷大时说明开路，如下图所示：

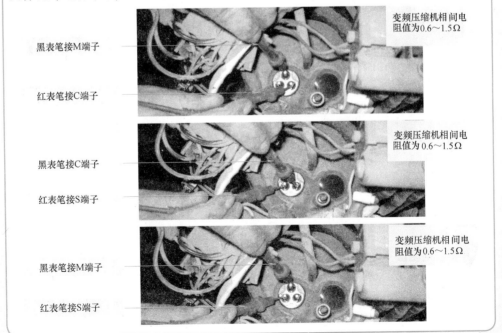

黑表笔接M端子

红表笔接C端子

变频压缩机相间电阻值为0.6~1.5Ω

黑表笔接C端子

红表笔接S端子

变频压缩机相间电阻值为0.6~1.5Ω

黑表笔接M端子

红表笔接S端子

变频压缩机相间电阻值为0.6~1.5Ω

任意接线端子对外壳有电阻值说明漏电，阻值无穷大，说明绝缘良好，如下图所示：

黑表笔接铁壳

红表笔接压缩机S端子

此时万用表读数为无穷大

黑表笔接铁壳

红表笔接压缩机C端子

此时万用表读数为无穷大

黑表笔接铁壳

红表笔接压缩机M端子

此时万用表读数为无穷大

### 5.3.3 直流电动机的检测

直流电动机多用于驱动风扇，应用于空调器的室内机和室外机，实物外观及安装位置如下图所示：

室内机直流电动机

作用是带动贯流风扇旋转运行

室内机直流电动机

作用是带动轴流风扇旋转运行

由于直流电动机由电路板和电动机绕组两部分组成，绕组引线与内部电路板连接，因此不能像交流电动机那样，使用万用表电阻档通过测量电动机绕组线圈的阻值就可以判断其是否正常，也就是说，依靠万用表电阻档测量直流电动机的方法不准确，容易引起误判。准确的方法是在主板通电时测量插头引线之间的电压，根据电压值判断。

 **电阻法**

使用万用表电阻档测量直流电动机5根引线之间的阻值，只有两组引线有阻值，其余均为无穷大，见下表：

| | |
|---|---|
| 运行驱动引线　地线 | 0.227MΩ（227kΩ） |
| 15V 供电引线　地线 | 37kΩ |

### 直流电压法

室内直流电动机和室外直流电动机的测量及判断方法相同，本节以室内直流电机为例进行说明。

#### 测量直流 300V 和直流 15V 电压

直流电动机由主板供电，如果主板未供电或供电电压不正常，即使直流电动机正常也不能运行，因此应首先测量上述两个电压值。

**主板供电正常** ➡　测量结果为直流 300V 和直流 15V，说明主板供电电路正常。

**主板供电不正常** ➡　如果电压值为 0 或低于正常值较多，说明主板供电电路出现故障，可以更换主板试机。

测量直流电压如下图所示：

正常电动机应该检测到300V左右的电压　　　　正常电动机应该检测到15V左右的电压

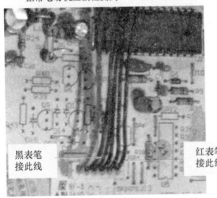
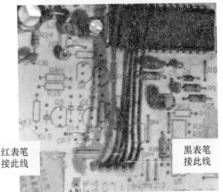

黑表笔接此线　　　红表笔接此线　　　红表笔接此线　　　黑表笔接此线

#### 电动机不运行故障，开机测量驱动控制引线电压

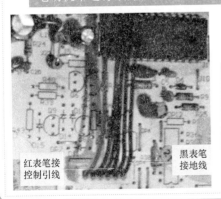

红表笔接控制引线　　　黑表笔接地线

**待机状态电压为 0；开机状态：低风为 2.7V、中风为 3.3V、高风为 3.7V**

**1** 使用遥控器开机，主板 CPU 输出的驱动电压经光耦合器耦合，由驱动控制引线（4 号）送至直流电动机内部电路板

**2** 4 号引线正常电压：低风为 2.7V，中风为 3.3V，高风为 3.7V；如果遥控器关机，即处于待机状态，电压为 0

| 直流电动机不运行时 |  | 直流电动机不运行时，如实测电压值与上述电压值相同，说明主板输出驱动电压正常，在直流300V和15V电压正常的前提下，可以判断为直流电动机损坏。 |
| --- | --- | --- |
| 开机和待机电压均为0V |  | 如在待机和开机状态下电压均为0，则说明是主板故障，可更换主板后试机。 |

电动机运行正常，但开机后马上关机，报"室内风扇电动机异常"的故障代码

| 关机但不拔下电源插头，测量转速反馈引线（5号）电压 | 用手拨动贯流风扇，正常为跳变电压，即 0V→24V→0V→24V 变化 | 正常的直流电动机在运行时，转速反馈引线电压约为直流11V |
| --- | --- | --- |

如果测量结果符合上述特点，说明直流电动机正常，故障为主板转速反馈电路损坏，可更换主板后试机。

| 如果旋转贯流风扇时显示值一直为0V、24V或其他数值 |  | 说明直流电动机内部电路板上的转速反馈电路损坏，可更换直流电动机后试机。 |
| --- | --- | --- |

说明：直流电动机转速反馈故障的检查方法和定频空调器室内风机为PG电动机的检查方法一样，待机状态下旋转贯流风扇时均为跳变电压，运行时则恒为一定值。

 ## 5.3.4　起动器的检测

起动器的作用是起动、运行设备，制冷电器中的起动器主要用来起动压缩机，帮助其顺利地进入运行状态。

 **定频空调器的压缩机起动器**

定频空调器的名字是相对于变频空调而起的，从某些方面来看，名字可能不够准确，但是从对电流控制的角度来看，定频空调又是比较贴切的。定频空调器的压缩机起动器主要由室外机中的起动电容完成起动任务，起动电容的外形如下图所示：

起动电容标称容量

压缩机的起动电容可以用万用表进行检测，如下图所示：

测试压缩机起动电容时，可根据电容标称容量判断是否正常

红、黑表笔分别接起动电容两个端子

 **变频空调器的功率模块**

功率模块在变频空调器中的变频及起动电容，其外形如下图所示：

可以用万用表检测此处接线端子

功率模块可以用万用表检测，如下图所示：

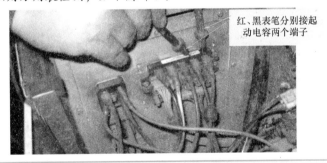

红、黑表笔分别接起动电容两个端子

 **5.3.5 温控器的检测**

温度控制器简称温控器，它是通过检测电冰箱冷藏室（或冷冻室）的温度，对压缩机运行时间进行控制的元件。

温控器分为普通型温控器、定温复位型温控器、半自动化霜型温控器和风门温控器等几类。

## 普通型温控器

普通型温控器应用在普通直冷型电冰箱中，它的外形如下图所示：

### 结构

普通型温控器由感温管、传动膜片、温度调节螺钉、触点等构成，如下图所示：

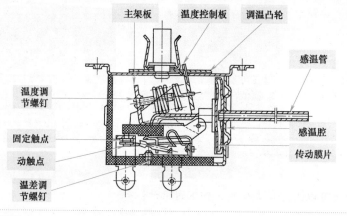

主架板　温度控制板　调温凸轮
感温管
温度调节螺钉
感温腔
固定触点
传动膜片
动触点
温差调节螺钉

### 工作原理

压缩机停转后，蒸发器表面的温度会随着压缩机停转时间的延长而逐渐升高，感温管的温度也随之升高，管内感温剂膨胀使压力上升，致使感温腔（感温囊）前面的传动膜片向前移动。

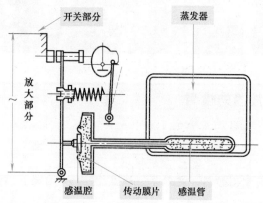

开关部分　　　蒸发器
放大部分
感温腔　传动膜片　感温管

| 1 | 当升高到某个温度时，动触点（快速活动触点）与固定触点闭合 | 2 | 接通压缩机供电回路，压缩机开始运转 |
|---|---|---|---|
| 3 | 电冰箱进入制冷状态，随着制冷的不断进行 | 4 | 蒸发器表面温度逐渐下降，感温管温度和压力也随之下降，感温腔前面的传动膜片向后移动 |
| 5 | 当降到某个温度时，动触点在电弹簧的作用下与固定触点分离，切断压缩机的供电电路 | 6 | 压缩机停转，制冷结束。电冰箱不断重复上述过程 |
| 7 | 温控器对压缩机的运行时间进行控制，确保电冰箱内温度在一定范围内变化 | | |

电冰箱内温度高低的控制，是通过旋转温控器调节钮来实现的。温度的高低范围不符合要求（温度控制有误差）时，可通过调整温差调节螺钉进行校正。

 **定温复位型温控器**

定温复位型温控器与普通温控器的构成和工作原理基本相同。

此类温控器无论设置在弱制冷点还是强制冷点，只是改变停点温度，开点温度始终为5℃左右，也就是冷藏室蒸发器表面的温度达到5℃左右后，温控器内的触点吸合，为压缩机供电使其运转，开始制冷。

 **半自动化霜型温控器**

半自动化霜型温控器与普通型温控器的实物外形基本相同，但在构成上有一定的区别。结合下页的结构图，其工作过程如下：

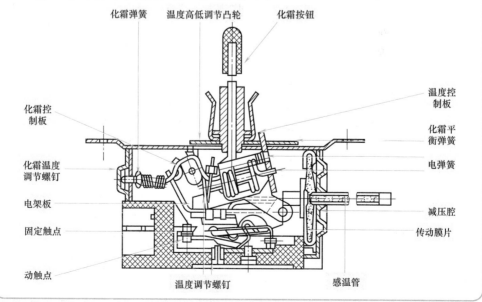

| 1 | 当蒸发器表面结霜过厚时，按下温控器上的化霜按钮 | 2 | 可强制断开温控器内的动、静触点，压缩机停转，开始化霜 | 3 | 当蒸发器表面温度达到设置的温度（13℃）时 |
| --- | --- | --- | --- | --- | --- |
| 4 | 感温管内的压力增大，当电架板产生的推力超过化霜平衡弹簧和化霜控制板的阻力后 | | 5 | 不仅化霜按钮弹起，结束化霜，而且会使动触点和固定触点吸合，使压缩机恢复运转，开始制冷 | |

 **风门温控器**

这种温控器主要用于双门间冷式电冰箱，安装位置如下图所示：

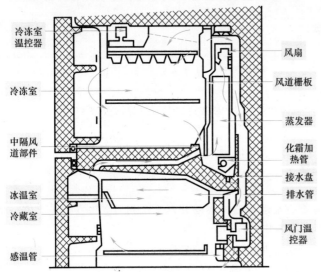

冷冻室温控器
冷冻室
中隔风道部件
冰温室
冷藏室
感温管

风扇
风道栅板
蒸发器
化霜加热管
接水盘
排水管
风门温控器

风门温控器对冷藏室的温度进行控制，与冷冻室温控器相配合，可对冷冻室和冷藏室的温度分别控制。

转动温度调节旋钮可对循环风量进行调节，从而控制冷藏室内温度的高低。

风门温控器实物外形如下图所示：

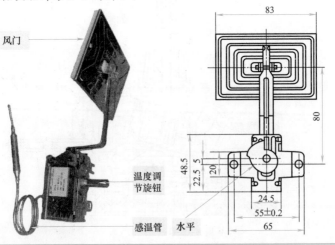

风门
温度调节旋钮
感温管　水平

　　风门温控器的工作原理与压力式温控器一样，都是利用感温剂的压力随温度升高而增大的特性，通过机械转换部件，带动并改变风门开闭的角度，通过控制流经风门的循环风量，实现对冷藏室温度的控制。

### 万用表检测温控器

| 1 | 室温下，用数字式万用表的二极管档测量触点的数值为0，蜂鸣器鸣叫，说明触点接通 | 2 | 将温控器冷冻后，测量触点的电阻数值为无穷大，说明触点断开，温控器控制正常 |
|---|---|---|---|

　　若将温控器的旋钮旋到最小位置时，触点间的阻值应为无穷大，若为0，说明温控器内的触点粘连。

　　温控器的检测如下图所示：

　　将温控器的旋钮旋到最大位置时，触点应接通，若不能接通，说明温控器内的机械系统异常。

　　温控器的检测如下图所示：

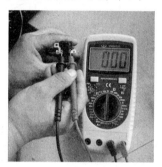

# 5.4
## 全自动洗衣机的检测

第5章

### 5.4.1　电磁阀的检测

　　电磁阀是利用电流流过线圈形成磁场的原理进行工作的。

　　洗衣机进水电磁阀如下图所示：

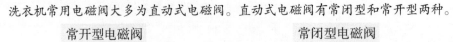

洗衣机常用电磁阀大多为直动式电磁阀。直动式电磁阀有常闭型和常开型两种。

常开型电磁阀　　　　　　　　　　　　常闭型电磁阀

当线圈通电时产生电磁力，使动铁心克服弹簧力同静铁心吸合直接开启阀门，介质呈通路。　　当线圈断电时电磁力消失，动铁心在弹簧力的作用下复位，直接关闭阀口，介质不通。

电磁阀分类

电磁阀的结构如下图所示：

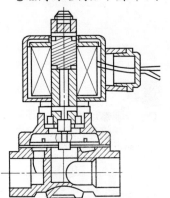

| | |
|---|---|
| **1** 在进水和排水时使用 | **2** 220V 交流电压与电磁阀线圈接通，形成磁场 |
| **3** 电磁铁吸合，自动打开或关闭橡胶阀门，控制洗衣机进水和排水 | |
| **4** 当洗衣机排水时 | **5** CPU 控制电磁阀得电，电磁阀线圈有电流，产生磁场 |
| **6** 电磁线圈产生的电磁力把橡胶塞从阀座上提起，阀门打开，洗衣机排水 | |

电磁阀的检测

万用表检测进水阀线圈是否烧坏：进水阀线圈烧坏一般会引起电路板进水可控硅的损坏。所以维修时（特别是换电路板时），务必先确认进水阀的好坏（可用万用表量进水阀线圈的直流电阻，为 4 ~ 6kΩ），如下图所示：

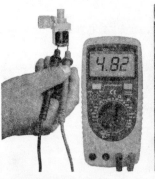

### 5.4.2　电动机的检测

电动机是洗衣机的动力器件，是整个机器动能的供给者。

当今市场上的洗衣机和大多数全自动洗衣机使用电容运转式电动机，如下图所示：

**电动机供电电压的检测**

将接线从防尘袋中取出，如下图所示：

拨开接线保护袋

用万用表检测电动机的供电电压，如下图所示：

如果万用表显示为220V左右，则电动机没有问题。

如果万用表显示为无电压，则电动机故障。

**电动机起动电容的检测**

洗衣机起动电容的检测方法可参照前文电容的检测方法，但需要注意其容量值，一般如"6μF±5%"，6 表示其标称容量，±5% 表示电容可允许的偏差。

### 5.4.3　洗衣机性能的检测

在洗涤过程中，经常会遇到洗衣机不能起动运转的故障。这种故障有机械方面的原因，也有电路方面的原因。

**洗涤部分和脱水部分都不能运转**

　　洗涤部分和脱水部分的电路是并联的，这两部分都不能运转，可能是电源有故障或共同电路部分出现故障。检查步骤如下：

检查电源插头

具体方法：

| 1 | 用万用表交流电压档检查电源插头 | 2 | 如果没电压，可能是停电或熔断器熔断 | 3 | 上述情况如果检测正常，就要进一步检查洗衣机的共同电路部分 |

检查共同电路部分

　　检查共同电路部分时先检查洗衣机的熔断器是否熔断，如果熔断器正常，则再检查电路，如下图所示：

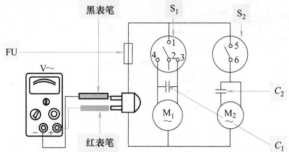

　　可能是插头松动或芯线折断，也可能是内部接线接头松动导致接触不良。

 **洗涤部分不能起动运转**

　　洗涤部分不能起动运转故障的检查步骤如下：

检查电动机情况

如果能听到电动机发出嗡嗡声，说明电路是通的，要检查电动机和起动电容器情况 ← 接通电源，按下选择按键开关，仔细听电动机的声音  如果定时器运转过程中，听不到电动机有任何声音，可用万用表的交流电压档测量洗涤电动机两绕组的电压

如果是零，说明电路不通，要进一步检查洗涤定时器和按键开关

## 检查洗涤定时器

如果洗涤电动机运转，可先检查洗涤定时器的主开关触点。

| | | |
|---|---|---|
| **1** 旋转洗涤定时器旋钮到 3～5min 处 | **2** 触点1与2接通，3与4接通 | **3** 电动机 $M_1$ 处于正转状态 |
| **4** 将万用表的量程转换开关旋转至"R×10"档 | **5** 测量主触点两根引出线 | **6** 正常时，电阻应为几十欧 |
| **7** 再把3与4断开 | **8** 电动机断电停止运行 | **9** 应能听到接触器的动、静触点断开的"咋"声 |
| **10** 万用表指示为"∞" | **11** 再把触点3与5接通 | **12** 电动机 $M_1$ 处于反转状态 |
| **13** 反转接通时，同样能听到跟正转相同的"咋"声 | | **14** 电阻值也在几十欧 |
| **15** 当把3与5触点断开时 | **16** 万用表指示也应为"∞" | **17** 用万用表分别检查洗衣机的强洗、中洗、弱洗通路电阻和开路电阻 |

## 检查按键开关

| | | |
|---|---|---|
| **1** 用万用表的电阻档检查按键开关 | **2** 将一只表笔接按键开关的公共引出线 | **3** 另一只表笔分别碰接依次按下的强洗、中洗、弱洗各按键的引出线 |

在正常情况下应该是导通的。如果都不导通，可能是公共引线脱焊或折断；如果有一根引线不导通，可能是那个触点接触不良，也可能是那根引出线脱焊或折断。

## 检查洗涤电动机定子绕组

洗涤电动机定子有一次绕组或二次绕组，其中任何一个绕组短路或断路都会使电动机不能起动运转。可用万用表的电阻档测量两绕组的阻值。

| | |
|---|---|
| 如果两绕组阻值相差非常大，阻值小的绕组可能短路 | 如果有一个绕组阻值为无穷大，说明这个绕组有断路现象 |

## 检查起动电容器

如果洗涤电动机两绕组无故障，转轴转动也灵活，电动机还是不能起动；就可能是电容器短路、断路或电容器电容量变小。可用万用表来检查电容器是否出现故障。

| | | |
|---|---|---|
| **1** 将万用表的量程转换开关旋转至"R×1k"或"R×10k"档 | **2** 先把电容器的一端与电路断开，两表笔接触电容器的两根引线 | **3** 观察指针摆动情况，是否出现下列情况 |

| 指针摆动不大，并返回到起点 | 指针不动 | 指针摆动幅度很小 / 大 | 指针摆动幅度很小 |
|---|---|---|---|
| 如果指针摆动不是很大，并且能慢慢返回到起点，则再对调两只表笔检查，指针摆动情况同上，说明电容器性能良好，可正常工作。 | 如果两只表笔接触电容器两根引线时，万用表指针不摆动，说明电容器失效或内部断路。 | 如果指针摆动很小或摆动很大但不返回，都说明电容器性能不良。 | 指针摆动很小，说明电容器电容量衰减；指针虽然摆动，但摆动后不返回，则说明电容器内部被击穿短路。 |

电容器发生断路、短路和电容量衰减时，都应更换同型号、同规格的新电容器。

# 5.5 小家电的检测

第 5 章

## 5.5.1 温控器的检测

为了控制加热温度，电热器具上一般安装有温度控制器（简称温控器）。小家电常用的温控器主要是双金属片型温控器。

### 温控器的外形

双金属片型温控器也叫温控开关，它的作用主要是控制电加热器件的加热时间。常见的双金属片型温控器如下图所示：

### 温控器的检测

检测双金属片型温控器的好坏如下图所示：

1 双金属片型温控器未受热时，用万用表的"R×2k"档测它的接线端子间的阻值

2 若阻值为无穷大，说明它已开路

3 当它的温度达到标称后阻值不为无穷大，仍然为0，则说明它内部的触点粘连

## 5.5.2　磁控管的检测

　　磁控管是将电能转换为高能量微波的设备，在小家电中主要应用在微波炉中，同时也是微波炉的核心器件之一。

　　磁控管作为一种高压真空器件，是微波炉的终端器件。其实物图及结构图如下图所示：

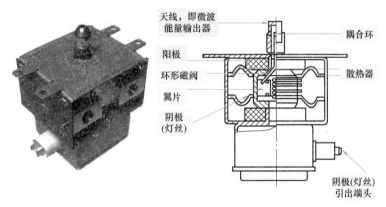

天线，即微波能量输出器
耦合环
阳极
环形磁阀
散热器
翼片
阴极(灯丝)
阴极(灯丝)引出端头

　　磁控管属于真空器件，微波炉一般采用连续波磁控管，它由管芯和磁钢（或电磁铁）组成。管芯的结构包括阳极、阴极、能量输出器和磁路系统四部分。

### 阳极

| 阳极 | ➡ | 　　阳极是磁控管的主要组成之一，它与阴极一起构成电子与高频电磁场相互作用的空间。在恒定磁场和恒定电场的作用下，电子在此空间内完成能量转换的任务。磁控管的阳极除与普通二极管的阳极一样收集电子外，还对高频电磁场的振荡频率起着决定性的作用。 |
|---|---|---|

　　阳极由导电良好的金属材料（如无氧铜）制成，并设有多个谐振腔，谐振腔的数目必须是偶数，管子的工作频率越高腔数越多。

　　阳极谐振腔的形式常为孔槽形、扇形和槽扇形，阳极上的每一个小谐振腔相当于一个并联的 $LC$ 振荡回路，如下图所示：

槽扇形空腔

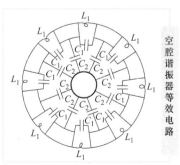

空腔谐振器等效电路

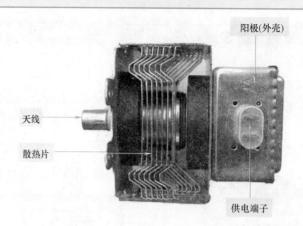

阳极(外壳)

天线

散热片

供电端子

| 阴极 | |
|---|---|
| 阴极 | |

➡ 磁控管的阴极即电子的发射体,是相互作用空间的一个组成部分。阴极的性能对管子的工作特性和寿命影响极大,被视为整个管子的心脏。

　　磁控管所发射的微波功率强度直接决定烹调火力,而微波功率的强度,则由其性能、阴极电压值、连续发射微波时间决定,所以磁控管的好坏是判断磁控管性能好坏的标准,可以使用万用表电阻档测量的方法(即电阻法)进行判断,也可采用排查法进行判断。

 **电阻法**

　　检测前,先对高压电容放电,避免高压电容存储的电能电击操作人员或损坏器件。检测灯丝电阻如下图所示:

黑表笔接灯丝一边的端子

使用的是万用表"R×2k"档

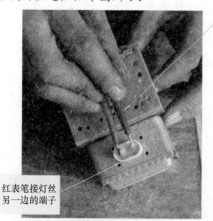

红表笔接灯丝另一边的端子

| 1 | 拔下高压变压器的接线插头 |
|---|---|
| 2 | 用万用表"R×2k"档测量磁控管灯丝两接线柱之间的电阻值,应为零点几欧 |

| 1 | 使用万用表"R×20k"档检测灯丝对外壳电阻 | 2 | 红、黑表笔分别接在灯丝与磁控管外壳上 | 3 | 正常电阻值应为无穷大,如下图所示 |
|---|---|---|---|---|---|

红表笔接灯丝一边的端子，黑表笔接外壳

灯丝接线柱对外壳电阻正常应为无穷大

| 1 | 使用万用表"R×20k"档检测天线对外壳电阻 | 2 | 红、黑表笔分别接在天线与磁控管外壳上 | 3 | 天线对外壳导通，电阻为0，如下图所示 |

检测天线对外壳电阻如下图所示：

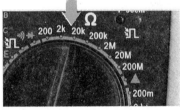

红表笔接地，黑表笔接天线

天线对外壳电阻，正常应为0

如果测得磁控管灯丝两接线柱电阻为无穷大，则说明灯丝开路损坏

如果测得灯丝接线柱对外壳电阻不为无穷大，说明磁控管漏电损坏

如果测得天线对外壳电阻为无穷大，也说明磁控管损坏

 **排查法**

在微波炉的实际检修中，磁控管失效、老化比较常见，用电阻法无法测量出来，只能通过排查法来进行判断。用排查法判断磁控管好坏的过程如下：

| 1 | 当微波炉不能加热时 | 2 | 用万用表电阻档测量高压变压器的一次绕组电压是否为220V |
| 3 | 在观察高压变器无烧坏状态下 | 4 | 用电阻法检测微波系统中高压变压器、高压二极管、高压电容、高压保险管和双向二极管（有的机型没有后两个元器件） |
| 5 | 正常情况下，一般是磁控管损坏 | 6 | 再比如遇有微波加热效果差时 | 7 | 在检查火力控制器正常的情况下，可判断是由磁控管老化所致 |

**5.5.3 变压器的检测**

目前，市场上变压器的种类有很多，但它们的基本结构大致相近，主要由一次绕组、二次绕组、铁心以及外壳等组成。在小家电中使用的变压器多为电源变压器及开关变压器等。

 **电源变压器**

这类变压器在各类型小家电中应用最为广泛，实物及符号如下图所示：

实物图

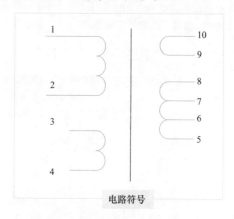

电路符号

变压器按安装方式可以分为以下两种：电路板整体安装式、独立固定式。如下图所示：

电源变压器

电路板整体安装式

电源变压器

独立固定式

判断电源变压器的好坏一般用万用表测量即可，如下图所示：

现在大多数电源变压器的输入绕组都串接有温度热熔断器（133℃），并且包封于绕组的外侧。当某种原因使温度热熔断器熔断后，可以在变压器的温度热熔断器处小心挑开保护层，找到温度热熔断器，并在原处并接一个同样规格的温度热熔断器，恢复绝缘后可以恢复使用。

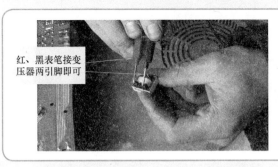

红、黑表笔接变
压器两引脚即可

| 1 | 使用万用表"R×10k"档检测变压器的一次和二次绕组的电阻 |
| 2 | 各二次绕组的直流电阻一般都为几欧姆 |
| 3 | 一次绕组一般为几百欧姆，各绕组应绝缘良好，无烧焦痕迹 |

>> 特殊提示：

　　在维修电磁炉的过程中，如电源变压器确已烧毁，在没有配件的情况下，可以用一些功率、输出电压、外形相类似，而且便于固定的变压器改接使用。

 **开关变压器**

| 开关电源采用AC-DC-AC高频电压变换技术，即将输入的 220V 交流电整流成直流后 |  | 再将该直流电变换成高频脉冲电流输入开关变压器 |  | 开关变压器即可将其变换成低压电。由此可见，开关变压器依然是整个电压变换过程中的关键元件 |

　　开关变压器外形如下图所示：

　　在相同的输出功率下，开关变压器比传统变压器在体积和重量上小很多。它的检测方法与普通变压器相同，此处不再赘述。

 **5.5.4　数码显示器件的检测**

　　数码显示器件是由 LED 构成的数字、图形显示器件（又被称之为 LED 数码显示器），主要用于仪器仪表、数控设备、家用电器等电气产品的功能或数字显示。

　　常见的 LED 数码显示器件如下图所示：

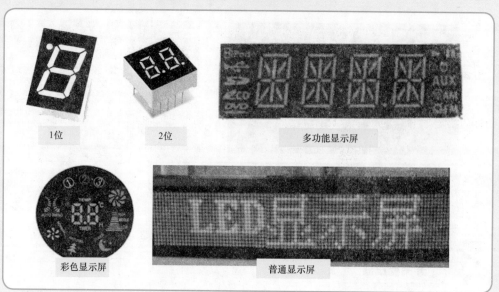

1位　　　　2位　　　　多功能显示屏

彩色显示屏　　　　普通显示屏

 **LED 数码管的构成**

LED 数码管有共阳极和共阴极两种，如下图所示：

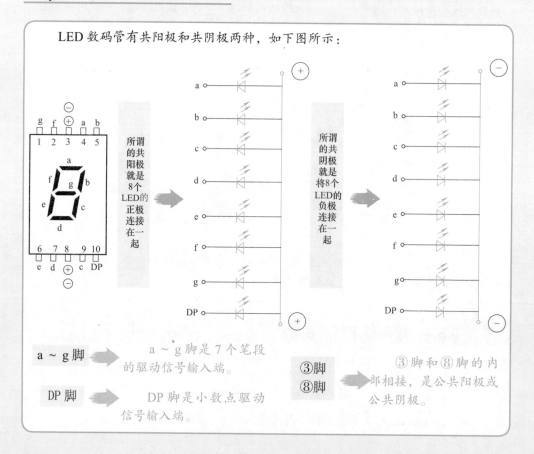

所谓的共阳极就是8个LED的正极连接在一起

所谓的共阴极就是将8个LED的负极连接在一起

**a ~ g脚** ➡ 　a ~ g脚是7个笔段的驱动信号输入端。

**DP 脚** ➡ 　DP 脚是小数点驱动信号输入端。

**③脚**
**⑧脚** ➡ 　③脚和⑧脚的内部相接，是公共阳极或公共阴极。

## LED 数码显示器件的检测

LED 数码显示器件的检测，如下图所示：

| 1 | 将数字式万用表置于二极管档，把红表笔接在 LED 的正极一端 |
|---|---|
| 2 | 黑表笔接在负极一端，若万用表的显示屏显示 1.588 左右的数值，并且数码管相应的笔段发光 |
| 3 | 说明被测数码管笔段内的 LED 正常，否则该笔段内的 LED 已损坏 |

## 5.5.5　电热杯性能的检测

电热杯是将电能转换为热能的电器，而这些直接与人体接触的小家电产品的绝缘是否良好，对人身和设备的安全是非常重要的。

有必要对一些日常生活用品中的电热器具做绝缘测试。检测电热杯绝缘性能的具体做法及接线如下图所示：

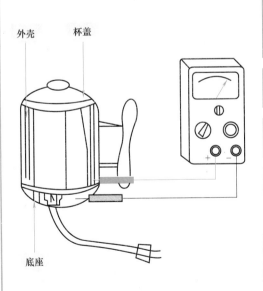

外壳　　杯盖

底座

| 1 | 首先对电热杯的冷态电阻值（没有通电加热之前的电阻为冷态电阻）进行测量 |
|---|---|
| 2 | 使用万用表 "R×10" 档，测电热杯电源插头两脚间的电阻值 |
| 3 | 不同电热杯的电阻值不尽相同，如 300W 的电热杯冷态电阻为 140Ω |
| 4 | 将万用表的量程转换开关旋转至 "R×10k" 档，测量电热杯导电部位与外壳之间的绝缘电阻 |
| 5 | 指示值在 "∞" 位置（数字式万用表显示 1），表明电热杯的绝缘性能良好 |

读者可举一反三用于对其他电热器具的绝缘进行检测。

# 第6章

# 万用表的检修

# 6.1
## 指针式万用表的检修

第6章

## 6.1.1 指针式万用表的检查

### 指针式万用表的外观检查

检修万用表,首先要进行外观检查。外观检查内容一般包括如下内容:

(1)表壳有无损坏,标志是否清楚。新生产的万用表还应具有计量器具制造许可证 MC 标志。

(2)仪表的接线柱、插孔、量程转换开关有否松动或断裂。量程转换开关手感分档状态是否清楚,有无不正常的摩擦声及感觉,分档指示是否准确无误。

(3)表面玻璃有无破碎,表头指针是否平直,机械调零是否完好。迅速摆动万用表时,表头指针摆动是否自如并且有无明显的阻尼作用。

(4)粗略检查电阻档,并检查指针有无卡针、擦碰表盘现象。可先将量程转换开关拨到"R×1"档,两表笔互相短接后调节电阻档调零旋钮,观察指针偏转情况。在此检查过程中,也可判断欧姆调零旋钮接触是否良好,内置电池的电压是否充足。

### 指针式万用表的直观检查

(1)观察万用表接线有无断路。如表内连线有无断裂、脱焊,印制电路板铜箔有无断裂,熔丝有无熔断,量程转换开关有无接触不良等现象。

(2)观察接线有无短路。如表内有无焊锡搭接,紧固螺钉是否脱落使电路短路等。

(3)观察表内元器件有无严重过载,如是否嗅到烧焦的味道,有无元器件烧焦变黑,有无元器件开关腐蚀变色等。

### 通电检查

通电检查要准备一些用具,还要准备好校对仪表。可以用一台完好的数字式万用表,如 DO30B 型、DO30C 型、DT390 型等,还要准备直流稳压电源、电阻箱等。现以 500 型万用表为例,说明如何进行通电检查。

> 直流电流档的检查
>
> 500 型万用表的直流电流档有 50μA、1mA、10mA、100mA 和 500mA 共五个量程。

从下页图中可以看出，用待查万用表和一个标准的数字式万用表串联，看两块万用表直流电流数值是否一样，通过两块万用表读数的比较来判定待测万用表是否准确。

图中的电位器均起限流作用；

$RP_1$、$RP_2$、$RP_3$ 分别为粗调、中调、细调滑线电位器；

$A_0$ 为数字式万用表直流电流档；

$A_X$ 为待测万用表直流电流档。

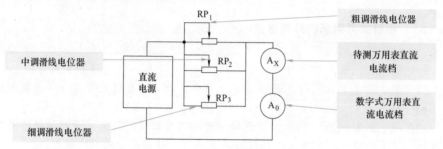

检测时先从最小的量程开始（两块万用表都置于直流 50μA 档），对被测表每一个刻度的值都和数字式万用表的值进行比较。这样既可检查待测表的表头线性度好坏，又可检查指针的回零情况。被测表的误差，无论是正还是负，只要不超过该表此档的允许误差，就说明表头及此档电路都是好的。若误差较大，就得将表头拆下，对影响其灵敏度的内阻进行单独测量。如果发现某一档测量误差很大，说明该档分流电阻有问题，需检查该档分流电阻是否变值或烧坏。

## 直流电压档的检查

检查电路如下图所示：

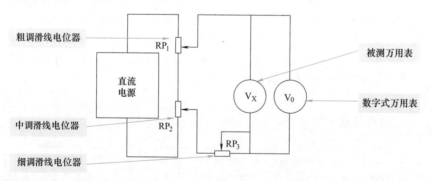

图中 $RP_1$、$RP_2$、$RP_3$ 分别为粗调、中调、细调滑线电位器。$V_0$ 为数字式万用表，$V_X$ 为被测万用表。500 型万用表直流电压档有 2.5V、10V、50V、250V、500V 和 2500V 六个量程。

先从低电压 2.5V 量程开始，逐个对比检测。根据被测表的误差大小，可以判断被测表是否有问题。

电阻档的检查

先将500型万用表置于"R×1"档,将两表笔短接,看万用表指针是否偏转到0Ω附近,通过调节欧姆调零旋钮,使万用表指针指到0Ω刻度。同样对"R×10"档、"R×100"档、"R×1k"档、"R×10k"档四个量程都要进行调零检查。如果"R×1"档不能调到零点,而其他档位可以调零,则应更换表内电池。

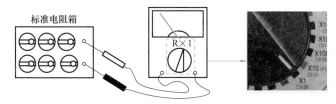

检测"R×1"档中心电阻值。500型万用表"R×1"档的中心电阻值为25Ω。当电阻箱调到25Ω时,万用表指针应该偏转到电阻刻度线的正中位置,此点读数应是25Ω。检查"R×10"档时,将电阻箱调到250Ω,指针也应该偏转在刻度线正中位置,读数为250Ω。其他各档检查方法一样。如果指针不在刻度线中心位置上,而且相差悬殊,说明表头或万用表测电阻的电路有问题。

# 6.1.2 指针式万用表常见故障排除

## 所有量程均失效故障的检修方法

所有量程均失效故障的主要特征:无论是电流、电压,还是电阻档等,各量程全都失灵无指示。这种故障大多出在公共电路部分。下图是典型万用表的直流电流、电压档相关电路。

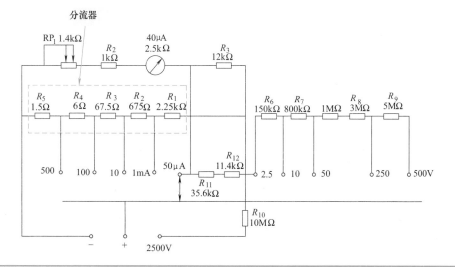

在指针式万用表的电路中，为了扩大电流量程，若是直流电流测量电路，会选用 $R_1$、$R_2$、$R_3$、$R_4$ 和 $R_5$ 作分流器，组成 50μA、1mA、10mA、100mA 和 500mA 五个量程。设置 $RP_1$ 的目的是为了提高表头支路的电阻。因为每个表头的内阻都不相同，利用 $RP_1$ 进行调整，可给生产和维修带来很大方便。

常见万用表测量交流电压的电路如下图所示，它与测量直流电压和电流的原理基本相似。不同之处是因表头有正负极性，需要把交流变成直流，所以电路中使用两只二极管 2CP11 接成半波整流器。利用这一整流方式的万用表的电压档，还可用来测量音频电平。

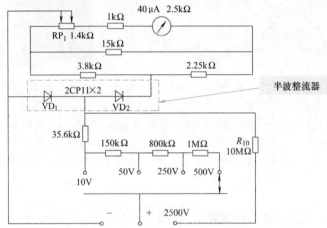

下图所示为电阻测量电路:

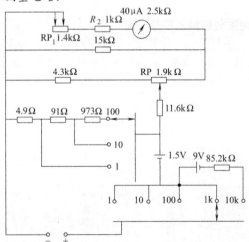

从图中可以看出，电路中的 1.5V 电池是 "R×1" 档、"R×10" 档、"R×100" 档和 "R×1k" 档的电源，而 "R×10k" 档的电源由 9V 电池提供。电阻量程的转换，是通过转换分流器电阻来实现的。图中的 RP 是 1.9kΩ 电位器，它的功能是用于电阻调零。

当万用表出现所有量程均失效的故障时，可按下述程序重点对公共电路部分进行检查。

1. 直观检查

直观检查的项目主要有表笔是否断线，插头插孔是否接触不良，表头是否损坏，

与表头串联的电阻是否开路，二极管是否被击穿，公共电路的接头是否断脱或虚焊等。

2. 测试表头是否良好

先将被测表头引出线的任意一端焊开，另使用一块好的万用表，将其置于 "R×100" 档，用黑表笔接表头正极，用红表笔串联一只 $10k\Omega$ 电阻后断续触碰表头负极，如表头指针不动，说明故障出在表头。此时可将表头外壳拆开，检查游丝是否脱落，看是否有虚焊，动圈有无断线，游丝或接头是否碰壳短路等。如身边没有万用表，也可用一节 1.5V 的干电池串联 $10 \sim 20k\Omega$ 的电阻去触碰表头引线螺钉。方法是先将电池负极接在表头的负极，然后将电阻的一只引脚接在电池的正极，用电阻的另一只引脚去断续触碰表头的正极，若指针有摆动，说明表头良好；若指针不摆动，则说明表头已经损坏。

进行上述测试时一定要注意，绝对不能在不加串联电阻的情况下，直接用电池的两电极去触碰表头引线，这样会把好表头烧坏。同时，还要注意不能将极性搞错。

3. 检查公共电路元器件

参见上页电阻测量电路，可检查 $RP_1$ 电位器是否开路或虚焊；表笔插孔上的接线是否开焊断路；公共电路上串联的电阻是否虚焊或失效；公共电路上并联的电阻是否损坏。此外，若表头上所接的两只二极管 $VD_1$ 和 $VD_2$ 被击穿短路或变质，也会造成整个量程失效，对其应做重点检查。

## 某一量程失效的检修方法

万用表某一量程失效是指其中的一个档位发生故障，导致该档测量时无指示，而其他量程正常。针对这种故障，可按下述方法进行检查。

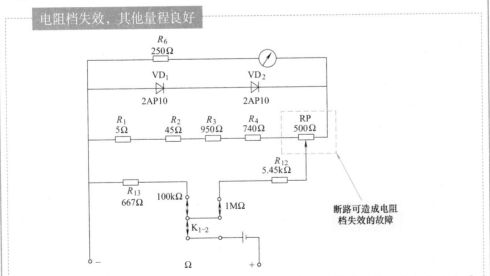

出现这种故障的主要原因是电池夹、量程转换开关接触不良，表内电池电量可能耗尽，也可能是本量程档位的电路元器件损坏所致。

如果电路中的 $R_{12}$ 断路，调零电位器 RP 活动臂接触不良，均可造成电阻档失效的故障。通过检查，如果确认"R×1M"档正常，只有"R×1k"档不通，则故障很可能是 $R_{13}$ 断路所造成的，只需测量一下其阻值即可见分晓。

### 直流电压档失效，其他量程良好

当直流电压档失效时，应着重检查量程转换开关接触是否良好，相关电路元器件有无虚焊，降压电阻 $R_7$ 是否开路。如果 10V、50V 档正常，而 250V 及以上的档位不通，则肯定是电阻 $R_9$ 断路所致，应重点将其从电路板上焊下进行测试。

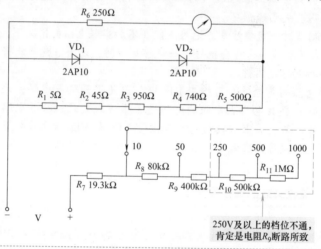

注意，有少数万用表的降压电阻采用并联方式，这类万用表如果出现某一直流电压量程失效故障，则主要原因可能是相关档的降压电阻断路或量程转换开关接触不良。

### 交流电压档失效，其他档良好

常见万用表交流电压档简化电路如下图所示：

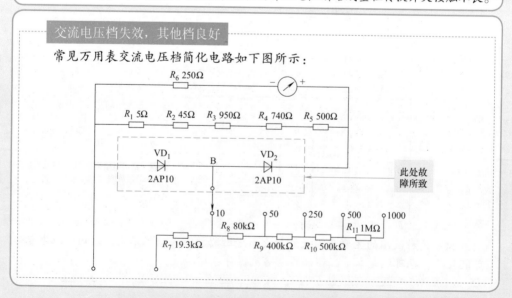

　　由下图可见，如果交流电压档不正常，则其原因可能是 $VD_1$ 短路；$VD_2$ 断路；量程转换开关氧化或磨损；B 点断线或虚焊等。

　　注意，有的万用表的降压电阻在交流档与直流档上没有合用，如果最小交流电压量程的降压电阻出现断路现象，也会引起全部交流电压量程失效的故障，因此，在检查时要细心分析和检测，以查出故障点。

## 指针不准的检修方法

　　正常的万用表都允许有一定的误差，按出厂的精度等级，从 $\pm 0.1\%$ 至 $\pm 10\%$ 不等。如各档都有少量误差，可通过调整与表头串联的电位器或表头内磁分流片来校正。倘若误差超过了规定值使指示不准，这说明相关的测量电路有故障。此时，可按下述方法进行检查判断。

### 检查表头机械部分

　　重点要检查万用表的指针是否有卡碰表盘、失衡或复位不良等现象。可拆开表头外壳，轻轻地吹动指针，观察上下游丝是否平整均匀，指针是否平衡，轴尖与轴承间隙是否适当，铁心与极靴距离、动圈和铁心极靴的距离是否均匀，转动时与极靴铁心有没有摩擦，极靴或铁心上是否吸附有铁屑、灰尘或纤维杂物等。

### 检查电流档

　　万用表的电流档是其他档的基础，因此，出现各个量程都有误差的故障现象时，首先应从直流电流测量电路各档着手查起，并从最小的电流量程开始。为了使读数稳定准确，多数万用表的直流电流档电路均使用线绕电阻，但阻值较大的个别电阻也有采用碳膜电阻的。线绕电阻一般采用无感绕法，通过的电流过大会烧坏电阻上的绝缘层，发生短路使阻值变小，或烧坏电阻丝发生断路。但线绕电阻一般不会出现阻值变大的现象。对于碳膜电阻，当其通过电流较大时，容易发生断路或阻值变大故障，但碳膜电阻一般不会出现短路或阻值变小的情况。常见万用表直流电流档的简化电路如下页图所示：

　　如果除电阻档指示数字偏小外，其余各档指示数值都偏大，则可能是与表头并联的分流电阻 $R_1$ 断路或与表头串联的电阻 $R_4$、$R_6$ 等阻值变小。如果电阻档指示偏大，其余各档都偏小，那么很可能是与表头并联的分流电阻阻值变小或与表头串联的电阻阻值变大。可先对相关电阻进行外观检查，看电阻表面有无焦黑、变黄或发霉等现象，然后对有疑问的电阻进行测量，判明其好坏，进而查出故障原因。

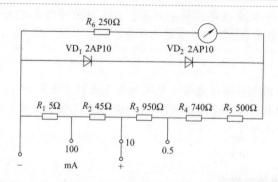

### 检查电阻档

　　对电阻档的检查，应重点校验每一电阻量程的中心阻值。中心阻值就是与电阻刻度线正中位置刻度相对应的电阻值。检查时应先测试电池电压是否正常（一般单节电池电压不得低于 1.2V）。校正时最好采用电阻箱。如发现电阻各档中心阻值都偏大（或偏小），则故障可能发生在电阻测量电路中公用的串联电阻。如只有个别量程不准，只需检查该量程转换开关，看是否接触良好，再就是测试一下串联电阻和分流电阻的阻值，看是否变值。

### 检查直流电压档

　　检查时，先要分清是直流电压全部量程都有误差，还是仅个别量程有误差。应弄清楚降压电阻是串联式的，还是并联式的。如果是并联分接式的，则哪一个量程不准，就应检查或更换哪一个量程的降压电阻。倘若降压电阻是串联式的，就应从最小量程的降压电阻开始校正。

### 检查交流电压档

　　首先应检查整流器件 VD$_1$ 和 VD$_2$，看其是否被击穿或变质。然后可参照检查直流电压档的方法，对相关降压电阻进行测试。如果是最高档有误差，除检查降压电阻外，还要检查高压电路的绝缘情况，看是否有绝缘下降的现象。如各量程的误差都很大，则很可能是整流器件 VD$_2$ 被击穿，只需测试一下其正反向电阻值便可确诊。

## 6.2 数字式万用表的检修

第6章

### 6.2.1 数字式万用表的检查

　　检修首先应具备一些常用工具，像电烙铁、扳手、钳子、镊子、一字形和十字

形螺钉旋具（俗称螺丝刀）等。此外，还可根据具体条件，配备几件常用的检测仪器仪表，以便迅速寻找故障部位和检测元器件的好坏。

 **万用表**

万用表主要用于测量电路工作状态及其主要参数和判定元器件的好坏。虽然指针式万用表的准确度稍低一些，但用来检测电子元器件的好坏是很实用的，它也可用来对电路的参数进行相关测量。

 **示波器**

示波器主要用于观察各个单元电路的输入、输出电压波形，各种脉冲信号的波形，振荡电路输出波形以及它们的周期和振幅等。检修人员一般可配备一台频带宽度不小于 5MHz 的示波器，例如国产 XJ4210 型或 XJ4312 型。这两种示波器的主要技术指标见下表。

| 参数名称 | 型号 | XJ4210 型 | XJ4312 型（双踪） |
|---|---|---|---|
| 垂直偏转系统 | 频带宽度 | DC0 ～ 5MHz（-3dB） | DC0 ～ 20MHz（-3dB） |
| | 偏转因数 | 0.1 ～ 5V/div±5% | 5mV ～ 5V/div |
| | 上升时间 | | ≤ 18ns |
| | 工作方式 | Y | Y1，Y2，交替。断续，Y1+Y2，X-Y |
| | 输入阻抗 | IMO | IMO |
| | 最大输入电压 | 250V[DC+AC（峰峰值）] | 400V[DC+AC（峰峰值）] |
| 水平偏转系统 | 扫描时间因数 | 0.2μs ～ 0.1s/div | 0.2μs ～ 0.5s/div |
| | 扫描扩展 | ×2，最快扫描 100μs/div | ×10，最快扫描 20ns/div |
| | 触发源 | 内，外，TV | Ch1，Ch2，电源，外接 |
| | 触发灵敏度 | 内：1div。外：0.5V（峰峰值）<br>内：1div。外：0.2V（峰峰值） | |
| 校准信号 | | 方波，2V（峰峰值） | 方波，1V（峰峰值） |
| 外形尺寸 | | 100mm×240mm×300mm | 150mm×280mm×370mm |
| 重量 | | 2.5kg | 7.5kg |

当然，示波器还有许多型号，读者可根据自己的实际条件选择。

**示波器的使用**

**1. 示波器的结构**

以 GOS-620 型双踪示波器为例，其外观结构如下图所示：

显示区　　　　水平控制区　　触发区

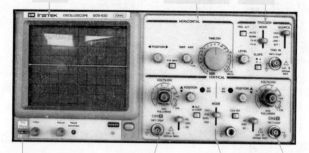

校准信号输出端口　　　输入连接端口　　垂直控制区　　输入连接端口

（1）显示区的详细结构如下图所示：

CRT显示屏

灰度、轨迹及光点控制旋钮

聚焦旋钮

电源主开关

电源指示灯

轨迹水平调整钮

（2）垂直控制区的详细面板组成如下图所示：

轨迹垂直位置调整钮

垂直衰减选择钮

通道1的垂直输入连接端口

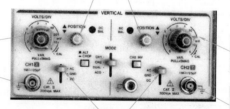

垂直衰减选择钮

通道2的垂直输入连接端口

输入信号耦合选择开关

输入信号耦合选择开关有3个档位，其波形如下图所示：

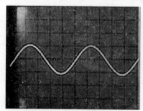

交流耦合档

接零

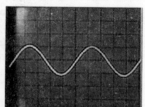

直流耦合档

垂直操作模式开关共分四个档位，选择不同档位其波形如下图所示：

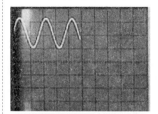

单通道模式——通道1

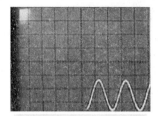

单通道模式——通道2

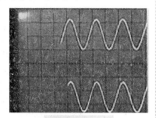

双通道模式

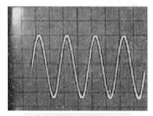

双通道相加模式

（3）其他控制区的详细面板组成如下图所示：

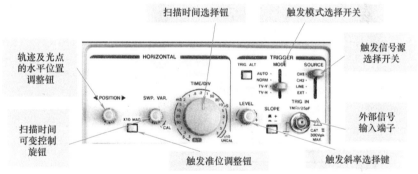

2. 探棒校正及垂直偏向灵敏度检查

（1）首先将信号源（即方波校准信号）输入到通道1，如下图所示：

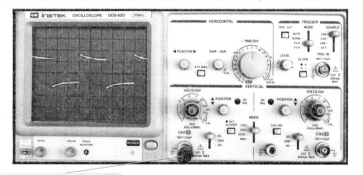

连接到通道1的信号输入端

（2）将探棒上的信号衰减开关置于10倍档，如下图所示：

信号衰减开关

（3）将通道1垂直衰减选择钮转至 50μV 位置，如下图所示：

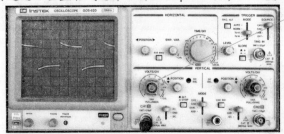

转至50μV
位置

（4）如下图所示，调整探棒上的补偿螺栓，使输入的方波信号最平坦。

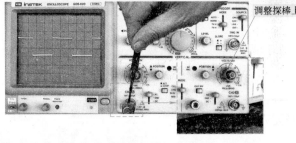

调整探棒上的补偿螺栓

（5）然后测量波峰值是否为2V即可。

3. 测量交、直流电压

从信号源输入带直流分量的正弦信号，测量交、直流分量。

（1）将直流信号选择按钮置于通道1位置，如下图所示：

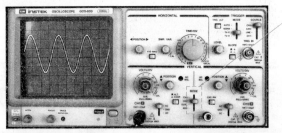

通道1位置

（2）如下图所示，将通道1耦合开关置于接零位置。

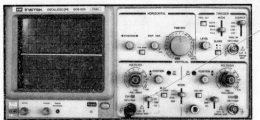

将通道1耦合开关
置于接零位置

（3）如下图所示，将触发信号源选择开关置于通道1位置。将触发模式选择开关置于自动触发模式。

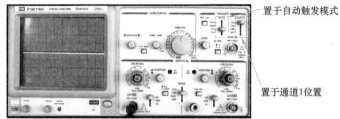

置于自动触发模式

置于通道1位置

（4）待屏幕上出现一条直线波形，然后调节轨迹垂直位置调整钮，使直线处于正中位置，如下图所示：

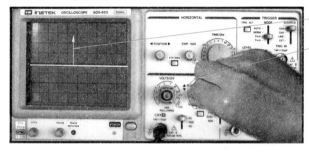

波形向上移动

调节轨迹垂直位置调整钮

（5）将信号源输入到通道1，然后将通道1输入信号耦合选择开关置于交流位置，如下图所示：

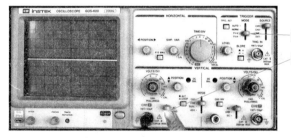

将其置于标准档

将其置于交流档

峰值到中心线垂直格数乘以垂直衰减档位值，其结果就是正弦幅值；峰值到最低值的垂直格数乘以垂直衰减档位值，其结果就是峰-峰值，如下图所示：

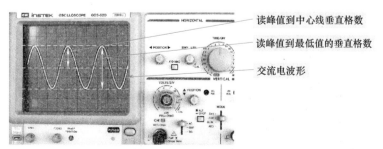

读峰值到中心线垂直格数

读峰值到最低值的垂直格数

交流电波形

## 检修万用表的方法和步骤

在检修数字式万用表时，首先要做的工作就是查找故障点，即对被检仪表的相关电路做必要的检查，以判断故障所在部位，确定故障元器件，进而将其修复。检查数字式万用表的故障部位，主要有"直观诊断法""电阻测量法""短路法""电路分割法""波形观测法""干扰法"等几种方法。下面分别予以介绍。

1. 直观诊断法

所谓直观诊断法，就是利用人的视觉、听觉、嗅觉和触觉来对数字式万用表进行外观检查的一种方法。此法十分简便、实用，它是检修数字式万用表的第一道工序。具体实施时，可按照一看、二听、三闻、四摸的步骤进行。

（1）看：主要是对被修仪表做外观检查。

看机壳有无碰裂和挫伤的痕迹，观察量程转换开关定位是否正确，$h_{FE}$ 插座和电容测量（CAP）插座等是否有污垢、铜锈或异物，电路板是否脱焊或搭锡短路，连接导线是否出现断裂等。用眼睛可观察液晶显示器是否缺少笔画，颜色是否均匀，有无局部变色或液晶泄漏等现象。

此外，也可凭视觉观察印制电路板铜箔有无翘起或断裂，元器件、印制电路板有无过载烧毁痕迹，熔丝是否烧断，电解电容是否漏液以及有无机械损伤等异常现象。

（2）听：将数字式万用表轻轻摇动时，利用听觉可以发现仪表内是否有松脱的螺钉或其他金属异物。将数字式万用表置于蜂鸣器档，把两表笔短路，若听不到蜂鸣声，则可能是表笔断线、接触不良或压电蜂鸣片脱焊等所致，同时也可能是电压比较器异常、门控振荡器损坏所致。

（3）闻：闻一闻表内有无元器件烧焦后而产生的焦糊气味，由闻到的气味来判断故障的性质和大致部位。

（4）摸：如果数字式万用表内部的电池、电阻、电容、晶体管及集成电路等元器件的温升过高，用手触摸即可察觉到。此外，还可用手检查量程转换开关是否灵活，元器件焊接有无松动等。

有时采用手摸的方法，对查找隐性故障是比较有效的。隐性故障的出现带有随机性，比较难以掌握它的变化规律，可以说是最复杂、最难排除的一种故障。其原因通常是由于焊点松脱或虚焊、接插件松动以及量程转换开关接触不良等原因使引线内部断线但有时又碰在一起等引起的。寻找隐性故障的方法是直接用手触及可疑部位或人为促使隐性故障暴露。例如摇晃仪表、轻轻拍打机壳、拨动元器件及引线，同时注意观察故障有何变化。必要时也可采用连续开机的方法，使性能不良的元器件及早损坏，同时注意观察有何新的异常现象，并及时记录故障暴露的位置。

总之，直观诊断法是检查数字式万用表故障点的一种切实可行的简便方法，如果运用得当，可有助于快速判定故障范围。

2. 阻值测量法

所谓阻值测量法，就是直接测量仪表电路某个元器件或电路某两点的电阻值，并据此判断故障部位的一种方法。

采用阻值测量法，可判断某元器件两引脚之间是否有短路(如电容、二极管被击穿)、断路(如元器件引脚虚焊)等故障。采用这种方法时有如下注意事项：

（1）阻值的测量应在电路断电的状态下进行，否则将得不到正确的测量结果，甚至还会造成仪表的损坏。

（2）在测量某元器件两引脚之间的电阻时，要注意周围电路对此元器件阻值的影响。如有必要，可先将相关的元器件引脚从电路板上焊下来，然后再进行测量。

**3. 短路法**

短路法是用短路线或串有电阻和电容的线夹将仪表电路的某一部分或某元器件某些引脚短路，然后再根据显示读数和测量点电压的变化情况来判断故障的一种方法。

例如根据 A-D 转换器 ICL7106 某几个特定引脚之间互相短接时所对应产生的显示内容，可用来检查该集成电路的功能是否正常，见下图和用短路法检测 ICL7106 的功能表。而检查和调整数字万用表的零点时，可直接将两表笔短接。

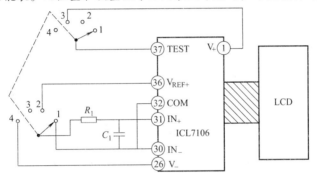

**用短路法检测 ICL7106 的功能表**

| 检查内容 | 开关位置 | 被短接的引脚 | 显示内容 | | | | |
|---|---|---|---|---|---|---|---|
| | | | 负号 | 千位 | 百位 | 十位 | 个位 |
| 00.0 | 1 | IN₊—IN_ (㉛脚—㉚脚) | 消隐 | 消隐 | 0 | 0 | 0 |
| 100.0 | 2 | IN₊—V₊ (㉛脚—①脚) | 消隐 | 1 | 0 | 0 | 0 ± 1 |
| 1888 | 3 | TEST—V₊ (㊲脚—①脚) | 消隐 | 1 | 8 | 8 | 8 |
| 负号和溢出 | 4 | IN₊—V₊ (㉛脚—①脚) | — | 1 | 消隐 | 消隐 | 消隐 |

在采用短路法检查故障时，应根据具体故障的表现特点来确定合适的短路点，然后根据短路点直流电压的大小以及该点电压对电路工作状态的影响，来确定具体实施方法。值得注意的是，在采用短路法时，不能使电路出现过载现象。

**4. 电路分割法**

所谓电路分割法，就是把被检修数字式万用表中出现故障的部分尽量分割成彼此相互独立的工作单元，并通过对这些工作单元工作正常与否的判断来逐步缩小仪表故障范围的一种方法。

若怀疑电路中的某一部分可能存在故障点，在不影响其他部分电路正常工作的情况下，将可疑部分从单元电路中断开，若故障随之消失，说明故障部位即出在被断开的这部分电路中，可做进一步的深入检查。采用这种方法时应注意，在每次分割检测后，应把无故障部分按原电路焊接好，将其恢复原状，以免造成新的故障。

5. 波形观测法

用示波器观察电路中各个关键点的电压波形、幅度和周期等，可以判断故障所在。

数字式万用表电路中关键点的信号主要包括时钟振荡器信号、背极驱动信号、蜂鸣器驱动信号和电容档文氏桥振荡器输出信号等。

例如当数字式万用表置于电容档时，文氏桥振荡器的输出波形应当是400Hz（重复周期为2.5ms）的正弦波，用示波器可很直观地观察到。再如数字式万用表中的蜂鸣器驱动信号一般是频率为1～2.5kHz（多数为2kHz）的方波，信号的重复周期一般为1～0.4ms（多数为0.5ms），这种信号也可很方便地用示波器观察到。此外，波形观测法还适用于检查如交流 - 直流转换电路、频率 - 电压转换电路以及电容 - 电压转换电路等。实施时可用音频信号发生器向被检仪表注入幅度和频率均适宜的电压信号，然后从前级往后级逐级地跟踪输入信号去向，并用示波器观察波形变化情况，与正常情况下的波形比较，可迅速找到故障位置。下面以观测 ICL7106 有关引脚信号波形为例，进一步说明这种方法的运用。

（1）观测 ICL7106 的时钟振荡器 OSC3 端（第㊳脚）的输出信号波形，应有重复周期约为 25μs（频率约 40MHz）、频率稳定性良好的电压方波，如下图所示。若此脚无输出，说明该芯片的内部反相器损坏或外部阻容元件有异常现象。

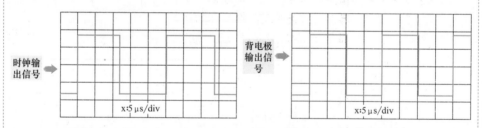

（2）观测 ICL7106 的背电极 BP 端（第㉑脚）信号，应该是周期为 20μs（频率为 50Hz）的方波，见上图背电极输出信号图。否则，说明其内部分频器损坏。

（3）用双踪示波器同时观察 ICL7106 的背电极（第㉑脚）波形和反相驱动器输出波形，当该输出端呈显示状态时，两者的波形应当是反相的。

6. 干扰法

所谓干扰法，就是利用人体感应电压作为干扰源，对数字式万用表进行检查的一种方法。例如将数字式万用表拨至交流电压低量程的 200mV 档，用手捏住表笔尖时，液晶显示屏上应出现数字乱跳的现象。否则，说明此档交流电压（可能还包括其他档，视具体电路而定）的测量输入电路呈断路状态。此方法也适用于对低量程的直流电压档（如 DC 200mV 档）进行检查。

## 6.2.2 数字式万用表常见故障排除

 **显示故障检修**

1. 打开电源开关后无显示

正常的数字式万用表，在打开电源开关时 ( 接通位置 )，液晶显示器上应有所显示，例如显示"1"或"000"等，具体显示字符随不同档位而有所不同。但如果接通电源后，仪表无任何字符显示，说明仪表工作已经失常。对这种故障现象，通常应着重检查以下几个部位：

（1）检查9V叠层电池是否失效损坏，电压是否太低；检查电池扣是否插紧，有无接触不良或锈蚀现象。

（2）检查9V叠层电池的引线是否断路，与印制电路板连接处的焊点是否脱焊。有时电池两根引线间的短路或漏电现象，也会导致电池失效而出现无显示字符的故障。

（3）检查电源开关是否损坏或接触不良。通常，电源开关是用来控制9V叠层电池通断的，电源开关在长期使用中，内部触点容易产生氧化层，最终引发接触不良或断路故障。

（4）检查A-D转换器 ( 例如 ICL7106) 引脚是否接触不良，管座焊点是否脱焊或虚焊。另外，当与A-D转换器相连的印制电路板的敷铜板断裂时，也会引起不显示数字的故障，应根据具体电路仔细地进行检查。

（5）检查液晶显示器背电极是否有接触不良的现象。

（6）检查液晶显示器是否损坏或老化。当液晶显示器老化时，通常表现为表面发黑。

2. 显示笔画不全

正常时，数字式万用表的液晶显示器应能显示全笔段字符。若出现所显示的数字缺少某个笔画的现象，应重点检查以下几个部位：

（1）检查液晶显示器是否局部损坏。

（2）检查A-D转换器是否损坏。通常，液晶显示器是由A-D转换器内部驱动器输出的信号进行驱动的，若其内部相关的驱动电路损坏，就会使相应的笔画不能显示。这可通过用示波器观测相应引脚的信号波形进行鉴别判断。

（3）检查A-D转换器与显示器笔画之间的引线是否断路。若这两者之间的引线发生断路现象，将使相应的驱动脉冲电压无法加到相关的笔段，自然也就导致缺笔画故障的出现。

3. 不显示小数点

若故障表现为仅小数点不能显示，而其他笔段均能正常显示，则应着重检查以下两个部位：

（1）检查量程转换开关是否有接触不良的现象。

（2）检查控制小数点显示的或非门电路是否损坏。

**4.将两表笔短路时显示不为零且跳字**

正常时，当将量程转换开关置于电阻档，把两表笔短接在一起时，液晶显示器上应显示"000"字符。若短接表笔时，出现显示不为零且有跳字的现象，通常应检查以下几个部位：

（1）分别检查两支表笔引线是否断路。在测量操作过程中，表笔的使用最为频繁，表笔线经常处于扭动的状态，所以其引线根部最容易被折断。遇此情况，将断线处重新焊好即可。

（2）检查是否是仪表测量输入端断路或锈蚀引起接触不良。

（3）检查内置9V叠层电池的电压是否太低。当电池电压太低时会使电路不能正常稳定地工作，致使出现显示字符乱跳的现象。

（4）检查仪表使用场地的周围是否存在较强的干扰源。由于数字式万用表的输入阻抗较高，当使用场地周围的干扰信号很强时，此干扰信号很容易由仪表输入电路窜入内部，进而引起字符跳动。

## 直流电压和直流电流档故障检修

### 直流电压档失效

对于直流电压档失效故障，应重点检查如下部位：

（1）检查量程转换开关是否接触不良或开路。当量程转换开关对应直流电压档的触点接触不良时，会使被测电压时通时断，无法进行测量。当量程转换开关处于开路状态时，则被测电压根本不能送到测量电路，无法测出电压数值。

（2）检查直流电压输入回路所串联的电阻是否开路失效。如下图所示，在直流电压档输入端都串有电阻（$R_6$），若此电阻失效或开路，将使被测电压无法输入，因而也就不能进行测量。

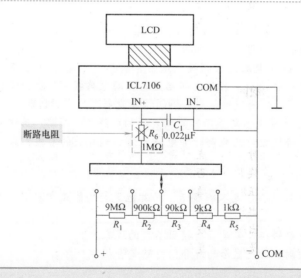

### 直流电压测量显示值误差增大

造成这种故障的原因主要有两个：一是分压电阻的阻值变大或变小，偏离了标称值；二是量程转换开关有串档现象。因而应重点对这两个部位进行检查。

（1）检查分压电阻的阻值是否与标称值相符。有时因仪表使用年久，分压电阻上积满灰尘或污垢，再加上受潮，很容易使其阻值发生改变。这时只要对分压电阻做除尘处理，并去除污垢，即能使仪表恢复正常。

（2）检查量程转换开关是否有串档现象。量程转换开关串档通常是由于其定位装置失常所造成的。当定位装置因使用年久而磨损严重时，会使量程转换开关的触点停在两个档位中间，因而就造成测量误差明显增大甚至无法测量。

### 直流电流档失效

出现此故障时，应重点检查以下几个部位：

（1）检查表内熔断器是否烧断。直流电流档一般都串有一只熔断器，用来保护仪表在过载时不被损坏。若使用仪表时出现误操作，会使熔断器因过流而熔断。

（2）检查限幅二极管是否被击穿短路。当输入端的限幅二极管被击穿短路时，会使被测电流直接对 COM 端短路。出现此故障时，往往有屡烧熔断器的现象。

（3）检查量程转换开关是否接触不良。当量程转换开关触点氧化锈蚀时，会使电流通路阻断，结果使电流档失效。

针对上述不同情况，通过更换同规格的熔断器、二极管，清洗或更换量程转换开关，故障即可排除。

### 直流电流测量显示值误差增大

出现这种故障时，应重点检查以下两个部位：

（1）检查分流电阻的阻值是否变值。

（2）检查量程转换开关是否有串档现象。

针对这两种情况，经更换同规格的分流电阻，修复量程转换开关后，故障即可排除。

## 交流电压档故障检修

### 交流电压档失效

交流电压档失效时，应重点检查以下几个部件：

（1）检查量程转换开关是否接触不良。

（2）检查交流电压测量电路中的集成运算放大器是否损坏。

（3）检查整流输出端的串联电阻是否有脱焊开路、阻值变大的现象。

（4）检查整流输出端的滤波电容是否被击穿短路。

排除故障的方法是清洗修复转换开关，重焊、更换元器件。

### 交流电压测量显示值跳字无法读数

出现这种故障需做如下检查：

（1）检查后盖板屏蔽层的接地（COM 端）引线是否断线或脱落。

（2）检查整流输出端的滤波电容是否脱焊开路或容量消失。

（3）检查交流电压测量电路中的集成运算放大器是否损坏、性能变差。当该集成电路失调电压增大时，会引起严重跳字现象。

（4）检查交流电压测量电路中的可调电阻是否损坏。当该可调电阻的活动触点接触不良时，会出现时通时断的故障，最终造成乱跳字而不能读数。

### 交流电压测量显示值误差增大

出现此故障需做如下检查：

（1）检查交流电压测量线路中的可调电阻是否变值。

（2）检查 A-D 转换器电路中的整流元器件是否损坏或性能变差。

查明故障元器件后，进行更换并重新调整可调电阻。

## 电阻档故障检修

### 电阻档失效

对此故障需做如下几项检查：

（1）检查转换开关是否接触不良。这是引起电阻档失效的常见原因。

（2）检查热敏电阻是否开路失效或阻值变大。热敏电阻是串接在电阻档标准电阻之前的保护元件，当其开路失效时，会使整个电阻档不能测量；当其阻值变得很大时，轻者造成极大的测量误差，重者使会使电阻档失效。

（3）检查标准电阻是否开路失效或阻值变大。标准电阻是串联在一起构成电阻测量电路的元件，一旦某一电阻量程的标准电阻呈开路状态，不仅使该量程失效，而且与其相关的量程也会受到牵连。检查时要根据故障的具体表现进行分析判断。

（4）检查过电压保护晶体管 c、e 两极之间并联的电容（0.1μF）是否被击穿短路或严重漏电。

（5）检查与基准电压输出串联的电阻是否断路或脱焊。

### 电阻测量显示值误差增大

出现这种故障需做如下几项检查：

（1）检查标准电阻的阻值是否变值。

（2）检查输入电路部分是否有接触不良的现象。

（3）检查量程转换开关是否接触不良。

## 二极管档及蜂鸣器档故障检修

### 二极管档失效

出现此故障需要做以下几项检查：

（1）检查保护电路中的二极管及电阻是否损坏。

（2）检查热敏电阻是否损坏。

（3）检查分压电阻是否脱焊开路或失效。

（4）检查量程转换开关是否接触不良。

### 测量二极管时所显示的正向压降不正确

正常时，锗二极管的正向压降一般为 0.3V 左右，硅二极管的正向压降为 0.7V 左右。如果被测二极管良好，而仪表的显示值比正常值大很多，则说明二极管档出现了较大的测量误差。产生这一故障的原因一般是分压电阻超差变值、引脚与电路板焊点接触不良。应着重检查分压电阻是否失效，引脚焊点是否有虚焊现象。

### 两表笔短接时蜂鸣器无声

对于此故障，应重点做如下检查：

（1）检查压电蜂鸣片是否有脱焊或损坏现象。

（2）检查 200Ω 电阻档是否有故障（对蜂鸣器档与 200Ω 电阻档合用一个档的数字式万用表而言）。

（3）检查蜂鸣器振荡电路中是否有损坏的元器件或有脱焊现象。

（4）检查构成蜂鸣振荡器的集成电路是否损坏。

（5）检查电压比较器（运算放大器）正向输入端所并联的电阻是否有短路现象。

## 测温电路故障检修

近年来生产的数字式万用表，大多增加了测温功能，其中较常见的数字式万用表的测温电路如下图所示：

$IC_1$ 是采用双积分式 A-D 转换器 TSC7106，输入信号取自测温电桥，四个桥臂分别由 $R_{66}$、$R_{67}$、$R_{51}$、$R_{46}$ 组成，$VD_6$ 起到半导体温度传感器的作用，对 K 型热电偶的冷端温度进行自动补偿，热电偶跨接在 A、B 两点之间，采用 K 型镍铬 - 镍铝或镍铬 - 镍硅 TP03 热电偶，测温范围为 $-50 \sim 1300℃$。K 型热电偶产生的温差热电势 $e$（mV）与温差 $\Delta T$（℃）成正比，其具体对应关系见下表。

由于该型热电偶具有正的电压温度系数（$\partial_{TK} \approx 40\mu V/℃$），因此，电路中采用硅二极管 $VD_6$（1N4148），利用其 PN 结导通压降的负温度系数，经分压后去补偿 K 型热电偶的正温度系数，从而实现温度自动补偿。接上热电偶之后，数字式万用表显示的是被测温度 $T$。并联在 K 型热电偶上的 $R_{56}$ 是在热电偶未接入万用表时起测量室温的作用，采用 1N4148 作温度传感器时，万用表测温范围大致为 $-50 \sim 150℃$。测温电路常见故障的检修方法如下：

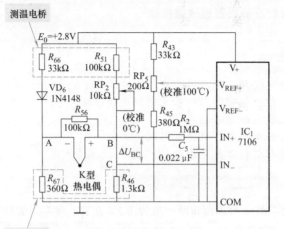

| 温差 $\Delta T/$℃ | −20 | 0 | 20 | 100 | 300 | 700 | 1000 |
|---|---|---|---|---|---|---|---|
| 热电势 /mV | −0.777 | 0 | 0.798 | 4.095 | 12.207 | 29.128 | 41.269 |

1. 不能测温

对于这种故障，通常应做如下检查：

（1）检查 K 型热电偶探头是否损坏或接触不良。

（2）检查测温电路转换开关是否接触不良。

（3）检查 $IC_1$ 及 $R_2$ 是否损坏。

2. 未接入热电偶探头时不能测量室温

出现这种故障需做如下几项检查：

（1）检查硅二极管 $VD_6$ 是否损坏或性能不良。若更换 $VD_6$，还需重新校准 0℃和 100℃。

（2）检查基准电压 $E_0$（2.8V）是否正常。若基准电压异常或消失，会使 $IC_1$ 得不到正常的基准电压而不能工作。

（3）检查基准电压分压器或测温电桥电路是否正常。

（4）检查 $RP_2$ 及 $RP_5$ 是否良好。这两只电位器常出现的故障是中心触点接触不良。

3. 测量值误差明显增大。

遇到这种故障，要着重进行如下检查：

（1）检查 K 型热电偶探头的正负极是否接反。

（2）检查电位器 $RP_2$、$RP_5$ 是否处于失调状态。通过调整这两只电位器，可重新进行 0℃和 100℃校准，校准操作完成后，应将其锁紧，以防止松动变值。

（3）检查周围环境是否有强信号干扰。这种干扰信号会使显示的温度值误差增大，并伴随有跳字现象。

 **AC-DC 自动转换电路故障检修**

普通数字式万用表是靠手动操作来完成交、直流测量转换的，而新型数字式万用表（如 DT860D 型）采用 NJU9207F 自动量程转换芯片，并配以外围辅助电路，

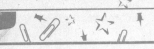

从而实现了交流 - 直流（AC-DC）自动量程转换功能。由于转换由电信号来控制，因此 AC-DC 测量功能的转换过程迅速，并省去了手动操作，极为方便。下面介绍该电路原理与常见故障检修。

### 电路工作原理

　　AC-DC 自动转换电路如下图所示。$IC_1$ 为 NJU9207F，$FC_1 \sim FC_4$ 为四个设置端，其选择方式见 $FC_1 \sim FC_4$ 测量功能选择表。

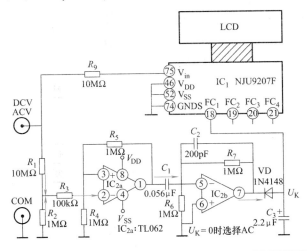

| 测量功能 | $FC_1$ | $FC_2$ | $FC_3$ | $FC_4$ |
|---|---|---|---|---|
| DCV | 1 | 1 | 1 | 1 |
| ACV | 0 | 1 | 1 | 1 |
| DCA | 1 | 0 | 1 | 1 |
| ACA | 0 | 0 | 1 | 1 |

　　观察上表可知，测量 DC、AC 电压时，$FC_2 \sim FC_4$ 的状态完全相同，均为高电平，由于芯片内部分别接有上拉电阻，因此，$FC_1 \sim FC_4$ 在开路时就为高电平。如果在控制端 $FC_1$ 上输入不同电平，就可实现 AC-DC 测量功能的自动转换。在测量电流时，只需在 $FC_2$ 端送入低电平即可。

　　上面电路图所示的 AC-DC 自动转换电路由取样电路、电压放大器、隔直电路及负压整流电路等构成。

　　$R_1$、$R_2$ 是取样电阻，输入电压由这两只电阻进行适当衰减后，经 $R_3$ 送入电压放大器 $IC_{2a}$ 进行放大，并经 $C_1$ 耦合到负压整流电路 $IC_{2b}$，只有当 $IC_{2b}$ 的第⑦脚输出为负时 VD 才导通，整流二极管 VD 输出的负向脉动直流电压经 $C_3$ 滤波，使 $U_K=0$（低电平），这时数字式万用表进入交流测量方式。$R_5$、$R_7$ 为运放的反馈放大电阻，$C_2$ 为频率补偿电容。

　　若万用表输入为直流电压，就会被 $C_1$ 所隔断，此时 $IC_{2b}$ 输入、输出均呈开路状态。靠 $IC_1$ 内部上拉电阻的作用，使得 $FC_1=1$（高电平），万用表自动进入直流电压测量方式。

**常见故障检修**

（1）只能测量直流电压、电流，不能自动转入交流测量，引起此故障的原因如下：

① 量程转换开关接触不良。

② $IC_1$（NJU9207F）的 $FC_1$ 端（脚）开路，线路不通。

③ 电压放大器 $IC_{2a}$（TL062）损坏或性能不良。

④ $C_3$ 严重漏电或被击穿短路。

⑤ VD 呈开路性损坏或引脚虚焊。

（2）交直流电压、电流均不能测量，引起此故障的主要原因如下：

① 电容 $C_1$ 失效。

② $C_3$ 被击穿，对地短路。

③ $IC_1$（NJU9207F）损坏。

### 蜂鸣器电路故障检修

将 DT-890B 型数字式万用表拨到蜂鸣器档，两表笔分别插入"V/Ω"与"COM"插孔，当把红、黑表笔短接或接一小于30Ω的电阻时，蜂鸣器应发出声响，发光二极管应点亮发光。如不发声，说明电路有故障，可按以下步骤进行检查：

（1）检查压电蜂鸣片（BZ）。该器件是用锆、钛、铅的氧化物烧结而成，本身既很薄，又很脆，受到碰撞、振动容易损坏。检查时，应首先观察其表面是否有断裂现象。如从外表看不出有损坏的迹象，可从仪表内部的压电蜂鸣片两个电极上，分别引出一根导线，外接到一块质量良好的压电蜂鸣片上。将数字式万用表拨到蜂鸣器档，并用导线把"V/Ω"与"COM"插孔短接，此时通电监听外接蜂鸣片是否发出声响。如果不发声，说明问题不在蜂鸣片本身，而在内部电路。

（2）检查振荡器电阻。$R_{29}$ 是振荡器偏置电阻，可稳定门电路工作点，$R_{30}$ 是振荡电阻。这两只电阻的常见故障是断路或虚焊，可通过检查其标称阻值及焊点连通情况予以判定。

（3）检查输入线路。可先直观检查两根表笔与引线部位是否有脱离现象，表内端子焊接是否牢固。如从外观看不出问题，可将两支表笔分别插入"V/Ω"与"COM"两插孔中，并分别检查每根表笔与表内接线端子是否连通。

（4）检查电压比较器。在正常情况下（输入端短路），TL062 第⑤脚（B点）电压为 +0.04V，第⑥脚（E点）电压为 0V，第⑦脚（C点）电压为 +2V。测量这三个引脚的电压值，如果与正常值相符，说明电路工作正常。如果第⑦脚（C点）电压为 -4.6V，说明 TL062 已经损坏。

（5）检查振荡器电路。正常时，4011 第①脚的电压为 +2V，第⑫脚的电压为 -2V。可测量这两点的直流电压，如果电压正常，而蜂鸣器不发声，则说明振荡器未起振，此时可检查电容 $C_{12}$ 是否开路或虚焊。

（6）检查量程转换开关。量程转换开关常见的故障是内部簧片接触不良。检查时可通过测量每个开关接触情况来加以判别。如某一开关有不通现象，说明该开关簧片接触不好，应进行调整，保证接触良好。

# 附 录

## 附录 A
### 常用电量符号及单位换算

附　录

| 名称 | 符号 | 单位 | 简称 | 单位换算 |
|------|------|------|------|----------|
| 电流 | $I$（$i$） | 安培（A） | 安 | $1A=10^3mA$<br>$1mA=10^3\mu A$ |
| 电荷量 | $Q$ | 库仑（C） | 库 | $1C=1A \cdot s$ |
| 电压 | $U$（$u$） | 伏特（V） | 伏 | $1kV=10^3V$<br>$1V=10^3mA=10^6\mu V$ |
| 电位 | $V$ | | | |
| 电动势 | $E$ | | | |
| 电阻 | $R$ | 欧姆（Ω） | 欧 | $1G\Omega=10^9\Omega$<br>$1M\Omega=10^3k\Omega=10^6\Omega$ |
| 电抗 | $X$ | | | |
| 阻抗 | $Z$ | | | |
| 电导 | $G$ | 西门子（S） | 西 | $1S=1A/V=1/\Omega$<br>$1mA/V=10^{-3}/\Omega$ |
| 电容 | $C$ | 法拉（F） | 法 | $1F=10^6\mu F$<br>$1\mu F=10^6pF$ |
| 电感 | $L$ | 亨利（H） | 亨 | $1H=10^3mH$<br>$1mH=10^3\mu H$ |
| 互感 | $M$ | | | |
| 电功率 | $P$ | 瓦特（W） | 瓦 | $1kW=10^3W$<br>$1W=10^3mW$ |
| 磁感应强度 | $B$ | 特斯拉（T） | 特 | $1T=10^3mT$ |

 附录 B
常用万用表电路原理图

### MF50-1 型万用表电路原理图

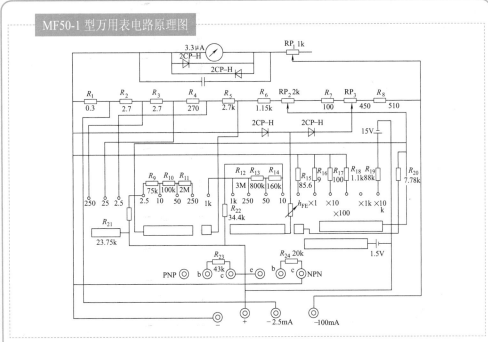

### MF30 型万用表电路原理图

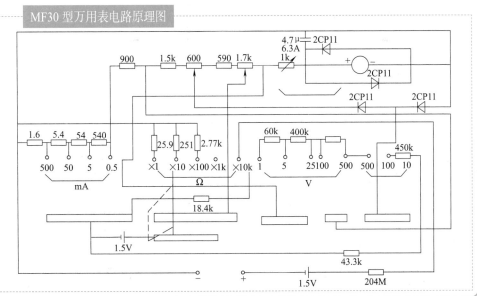

### MF47 型万用表电路原理图

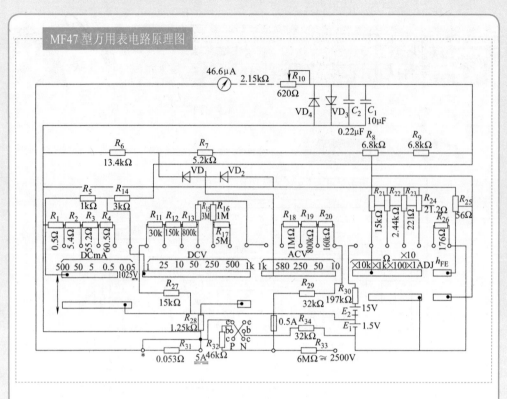

### MF368 型万用表电路原理图

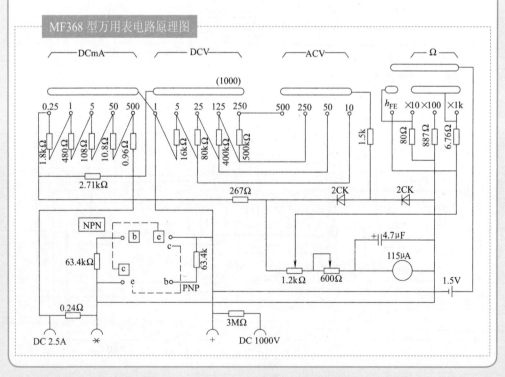